foreword

　日本にはファッションの批評がな
ファッションは文化として認められないことがよくあるが、その理由の一端はここにあるのではないだろうか。ファッションがビジネスであることを謳いながら、「ファッションに批評は似合わない」と言われることもある。だが、現代では美術も音楽も映画も文学もおしなべてビジネスとしての側面をもっており、ファッションだけが特権的な立場にあるわけではない。

　とはいえ、批評の不在を嘆いていても何も始まらない。われわれに出来ることはただひとつ、がむしゃらにでも進むことである。過去も、現在も、未来もすべて引き受けよう。たとえそれが無謀な試みに見えようとも。

　批評はひとつの制度であり、それを一朝一夕に確立することは難しい。本誌は「批評誌」を謳っているが、狭義の「批評」におさまるものではない。研究者による論文もあれば、デザイナーによる試論もある。インタビューもあれば、海外のファッション研究の紹介もある。一見すると「批評」以外のものが多いように思われるかもしれない。だが、これらはすべて批評の構築のためにある。われわれは現在だけでなく、10年後、50年後を同時に視野に入れている。大仰な表現かもしれないが、批評を根付かせるためにはそのくらいの時間が必要だろう。だが、まず第一歩を踏み出さねば物事は始まらない。

　この『vanitas』という小さな一歩が、大きなうねりを生み出すことを願う。

contents

特集：アーカイブの創造性

foreword

interview

- 6　スズキタカユキ
- 24　石関亮　南目美輝
- 48　ドミニク・チェン

paper

- 76　筒井直子
  ファッション・アーカイブとその特殊性について —— 美術館・博物館と企業アーカイブを事例に

- 88　齋藤歩
  アーカイブズはなぜ斯くもわかりにくいのか —— ヨーロピアナ・ファッションから学ぶことと

- 112　Europeana Fashion IPR Guidelines
  翻訳：水野祐／高橋由佳／岩倉悠子

- 150　筧菜奈子
  密やかに生成する文様 —— 現代ファッションにおける日本の文様の行方

- 165　松永伸司
  なにがおしゃれなのか —— ファッションの日常美学（公募）

international perspective

185 研究機関紹介
192 展覧会紹介
200 書籍紹介
208 研究者紹介

critical essay

220 高城梨理世
「名前がないブランド」の可能性 —— エレガンスとコンセプチュアルを巡って

226 柴田英里
ドラッグ＆ドラァグ —— あらかじめ封印された「女の子カルチャー」と戦うための戦闘服としてのMILK

235 NOSIGNER／太刀川英輔
(YET) UNDESIGNED DESIGN —— デザインしないデザイン

242 山内朋樹
イメージをまとわせる —— 植物のコラージュがかたちづくる亜生態系

afterword

interview

–

スズキタカユキ
石関亮＋南目美輝
ドミニク・チェン

i

interview

interview
スズキタカユキ

蘆田：まずブランドのコンセプトやこれまでの活動について簡単にお話しいただけますでしょうか。

スズキ：僕はいまファッションデザイナーとして活動していますが、ファッションの世界の端っこにいるという認識が自分のなかにあります。それはもともと美術を勉強していたことからくることなのですが。

蘆田：もともと東京造形大学でグラフィックデザインを専攻されていたんですよね。

スズキ：学科自体はグラフィックデザインだったのですが、在学中に服作りをはじめたんですね。僕はデザインや美術のほうからファッションに入っていったので、最初の頃の作品は服というよりオブジェのようなものでした。固められた服とか、燃えて半分ない服とか。そのときに買ってくださっていたのは、アートのコレクターの方なんです。そうした活動を見たイラストレーターの方からダンスカンパニーの衣装をやってほしいという依頼をいただいたりしました。また、そのオブジェのようなものを編集者の西谷真理子さんが『装苑』に載せてくださったんです。ファッション誌に載ったことで、スタイリストさんにも声をかけてもらうようになり、どんどん周りにファッションの人が増えてきたんです。そのときには衣装もやっていたので、服としてある程度着られるものになっていた。それで、ファッションの方に服を見てもらったらどういう反応になるだろうと思いブランドを立ち上げました。今はブランドを中心にやっていますけれど、そのときの流れが残っているので衣装の仕事も結構ありますし、ウェディングドレスも作ったりします。

蘆田：2006年にLamp harajukuで「過去、現在、未来」という展覧会を開催していますよね。そこに過去と未来というワードが入っていることに興味を持ったのですが、その展覧会について少しお聞かせください。

スズキ：Lamp harajukuの地下で、うちのアトリエを再現したんです。服作りにはプロセスがいくつかあって時間がかかるから、表現として

考えたときにエネルギーの爆発が少ないんですよね。だからファッションショーという場があると思うのですが。それで、過程を見せることにこだわっていた時期がありました。僕が作っているところを見せることによって、服のエネルギーやイメージを見てもらうことができるんじゃないか、と。それでアトリエを再現することにしました。

　ブランドのコンセプトは「時間と調和」としています。服と時間の関係ってすごくおもしろいですよね。一瞬しか着ない服というものもあるけれども、服の要素のなかでは一緒に時間を過ごしていくことがかなり重要だと僕は思っています。「服がどういうプロセスで作られて、着る人に渡った後にどうなるか」という時間性に興味があるんです。ちょうど去年、最初の展示会で出したものがお直しで戻ってきたんですよ。ものすごくボロボロだったんですけど（笑）。

蘆田：最初の展示会って2002年ですよね。

スズキ：そうです。だから、「お、10年超えてるな」って（笑）。当時はアヴァンギャルドなものがおもしろいとされていたこともあって、アンティークの古いものや落ちていたものをミックスしたアート作品に近いようなつなぎだったのですが。それが僕のところに戻ってきて、お直しして持ち主に返す。これは服を作っているなかですごく感動的な出来事でした。そういう一緒に生きて存在していくプロセス、時間を意識したいということがあります。だからLamp harajukuの展覧会では、アトリエを再現することでモノが生まれる前の時間を見る人に意識してもらい、そこからその人とともに未来へ行く。その時間を意識してもらえるような空間作りをしたかったんです。

蘆田：最初の頃はアヴァンギャルドなものを作っていたとのことですが、それでもアンティークの生地を使うという点では今と変わらないのでしょうか。

スズキ：あまり変わってないですね。今の方がちゃんとした服になっているという違いはありますけど、一緒です。古いものと今のものをミックスさせることで、時間をぶれさせたかったんですよ。「いつでき

たのか定かではないもの」にすることによって、より時間を意識させるというか。古いものって制作のプロセスが今と全然違うじゃないですか。たとえばアンティークレースであれば、手作業ですべてを作っている。となると、ちょっとした欠片であっても、ものすごく長い時間がそこに込められているわけですよね。そういうものをミックスしていくことで、服が不思議なエネルギーと時間を持った、物質として不思議なものになる。人は意外とそういうことを敏感に感じるんじゃないかな、と。時間って呼吸と一緒で、意識することはできるけど常に意識しているものではないので、僕の服を着たり見たりしたときに、過去とか未来といった時間性に意識が向いてもらえるといいですね。

蘆田：なぜ時間に興味を持たれたのですか。

スズキ：お客さんに骨董屋さんがいたこともありますし、祖母が華道や茶道をやっていたので家に骨董品が多かったこともあり、昔から古いものや残されてきたものに対する興味があったんです。アンティークレースを買ったりするときに、アンティーク屋さんやコレクターの方と話をすると、嬉しそうな顔をして2、300年前のものを出してきてくれるんですよ。それを着ていた人は亡くなってもういないけれど、服はその人のにおいを秘めたまま残っている。汗染みが残っていたりすることもあります。器や家、あるいは物質すべてに言えますが、人の生活に密着しているんだけれど、モノとしての寿命は人よりかなり長い。それが僕にとっては感動的だしおもしろいんです。つまり、人を超えて存在していくものに感動したんですよね。今はすぐ廃棄されてしまうものが多いので、すべてのものが人の寿命を超えて残っていくわけではないですが、僕らが作っているものは、人間を超えて存在していくものになる可能性があるんです。

水野：自分の制作プロセスが作品に埋め込まれることによって、作品とお客さんが出会うところまでの過去が形成される。その上で買う行為としての現在が存在し、そこから作品と買った人の未来の時間が生まれる、という話がありました。とすると、スズキさんと出会う以前の資料は、デザインプロセス以前から存在する、言ってみれば大過去に

あるものだと言えるかと思います。いわばアーカイブのなかにある大過去を引き抜いて使おうとするとき、その資料のどのような要素に魅力を感じるのでしょうか。

スズキ：どういうものを作るかによっても変わります。ボタンやレースとか、ちょっとしたパーツを使うことのほうが多いですね。古いものの分量を多くしすぎてしまうとそっちに引っ張られちゃうんですよね。そうなると、これから人が着て育てていく隙間が非常に狭くなってしまう。だから、ミックスして作りはしますが、お客さんと出会ってから先の分量を多めにとっておきたい。それで細かいパーツをピックアップするのです。年代や国などはあまり限定していないつもりなのですが、あえて共通点を探すとすれば「その当時メインではなかったもの」かもしれないですね。たとえばアンティークのレースでも、僕が使うのは比較的シャープなもので、かわいらしくないものなんですよ（笑）。ボタンにしても、装飾の入った素敵なものより、貝ボタンで適当に穴開けて作ったみたいなものが多い。あまり意識が向きすぎないものを無作為に選んでいるんだと思います。

水野：あまりに歴史化されてしまったものではなくて、「なんとなく昔のものらしさが漂っているがよくわからない」みたいな。

蘆田：意味の読み取りにくいものや記号性の薄いもの、ということですよね。

スズキ：そうそう。そういう意味ではネタになりづらいんですけど（笑）。

水野：でも、それがあるから使っている人が新しい歴史をつけ加えることができるんですよね。単に「昔らしさ」を感じるだけではなく。

スズキ：昔は職業や地位によって、もしくは宗教的な理由で服が決まっていたといえます。つまり、服の特徴に理由がはっきりあったんですよね。でも現代では、服を着る目的が昔に比べて薄いじゃないです

か。社会が成長すればするほど、服が生きていくために必要不可欠なものではなくなってきた。権力のある人たちが権力を示すために服を着るということも少なくなっている。そう考えると、今の時代は服のもつ意味が万人に共通していないんですよね。服を着る理由がパーソナルなものになってくると、その時代の意識を今そのまま持ってきても意味がない。だから僕はそれをシャッフルして、ある種の感覚の共有ができる人たちに向けて服を作っています。

水野：一方で、2007年には兵庫県姫路市で1000年の伝統を持つという「白なめし革」を使ったコレクションを発表されていますよね。そこにはどのような経緯があったのですか。

スズキ：今、北海道ではエゾシカが増えすぎて、何万頭を駆除しないといけない状況になっています。現在はその対策が少しずつできはじめているのですが、当時は殺して全部処分していました。そこで、猟友会の人となにかおもしろいことをできないかと話し合ったんです。そうしているときに、姫路には白なめしという技術があることを知って、エゾシカの革を使ってなにかやってみたらどうだろうと話が盛り上がりまして。僕のコレクションによってそういった技術に少しでも注目をしてもらえたら、という思いがありました。

水野：スズキさんが今なさっている活動には、どのような過去からの影響があるのでしょうか。

スズキ：ひとつはパーツも含めた素材ですね。昔の生地の組織を見ながらそれに近いものを再現した素材を作ったりもします。あとは、パターンです。でも古着のパターンをそのまま使って服を作りたいとは思わないんですよ。それだったら古いものでいいと思ってしまうんです。ただ、形を組み立ててみると、その時代に必要だったシルエットや、動きに対するアプローチが見えてくるんです。そうした要素がそのまま現代のものに当てはまらなくても、それが持っているイメージやシルエットが今の時代に与えるイメージはわかるので、「なぜこの形はこういうイメージを生むのか」を研究しながら、そのイメージを出す

要素を今のものとミックスして形を作り直したりします。全体のイメージやバランスを取りながら、「少しゆるく見える」とか「少し女性っぽいシルエットになる」という微妙なイメージを積み重ねていく感じですね。

水野：それは具体的にいえば、昔のメンズの型紙の肩線が現在のパターン原型よりもだいぶ後ろにいっていたりすることで肩のシルエット自体を「ゆるく見える」ようにしたりする、ということだったりでしょうか。言葉だけだと伝わりづらいので、作品でわかりやすいものがもしあればご紹介いただけますか。

スズキ：たとえばこれ（図1）は1890年代のパターンを使っています。そこまで古いわけではないですが、もう少し古い時代からのイメージを持ってきた感じのするパターンでした。だから、さらに100年くらい前のパターンに近いですね。この服は肩と袖のバランスがクラシックなイメージを出すので、そのイメージを持ちながら着やすいものに仕上げています。

蘆田：スズキさんの服には、素材感が強いものが結構見られますよね。それはたぶん昔の風合いを残したいからだと思うのですが、そういった素材は、現代において着る人のことを考えると、必ずしも着心地がよいはいえません。でもそこには譲れない、残したい要素があるということでしょうか。

スズキ：服は常に着ているものなので、意識しないけど意識するじゃないですか。だから、ちょっとずつひっかかりを作りたいと思っています。柔らかい素材で作っている服もありますが、アイテムのどこかに必ずひっかかりを感じるポイントを作っています。それはパターンだったり素材の場合もありますが、目で見てわかるものじゃない可能性が高いですね。

蘆田：ファッション史を参照するデザイナーには、シャネルやヴィオネといった著名なデザイナーに影響を受けたという人が多いと思いま

図 1

すが、スズキさんはそういった固有名を持ったデザイナーよりも、匿名的な存在の方に惹かれるのでしょうか。

スズキ：そうですね。僕は服から服を作らないようにしています。たとえば、MA-1をうちのブランドが出すとしたら、「麻を使ってMA-1を作ってみようか」みたいな考え方はしないようにしています。そうではなく、イメージの源から服をちゃんと生み出すようにしたい。そのイメージを形にしていく過程で、今まで培われてきた服の技術やパターン、素材やパーツが手段としてそこに入ってくるような作り方をしたいんです。だから、「ファッション」というよりは「服」という感じかもしれないですね。ファッションのルールのなかでは勝負をしていないかもしれない（笑）。できるだけそこからは外したいと思っています。

　もともと僕が服をいいと思ったのは、普段着るものであると同時に、高揚感があったり、大切にしたいと思う瞬間があったりして、人の意識に作用するからなんです。今の世の中において、服やファッションが2、30年前のエネルギーを持っているかというと、そうではないと僕は思うんです。みんなが服を好きで、みんなが洋服にエネルギーを注いでいる時代でもないし、ファッションが時代の最先端を走っているわけでもない。そうすると、服の立ち位置は変わっていかないといけない。

もっともっと人の意識に作用するものを作りたいと思っています。

水野：スズキさんのバックグラウンドにはグラフィックデザインがあるということでしたが、ファッションをグラフィックの要素として見ると、柄というものがありますよね。でも、それをほとんど使っておられないですよね。

スズキ：ほぼないです（笑）。

水野：柄のデザインをあまりされないことには理由があるんですか。

スズキ：色味もほぼないんですよ。今シーズンのコレクションには黄色がありますが、色が入ってきたのは最近で、あってもシーズンに1、2色だけです。ブランドをはじめてから10年近くは全然使ってないんですよ。柄も色もない。目をつむった方が空気の感じや触覚的なもの、あるいはにおいがよくわかりますよね。それはつまり、五感のうちのひとつをなくすことで他の感覚が鋭敏になるということだと思います。僕としては、素材感、シルエットや触覚的な部分を感じて欲しいんです。服の要素のなかでもそこをピックアップしているので、視覚的に強すぎる要素は極力使わないようにしています。

水野：舞台衣装もよく手がけられているとのことですが、舞台やパフォーマンスはある種の総合芸術ですよね。音も光も、パフォーマーの動作もあります。そういう状況においても、シルエットやカッティング技術に焦点を絞り、模様や柄、色などはあまりデザインの対象とはならないのでしょうか。

スズキ：衣装の場合も、僕は着る人にしかわからない要素を作っているんです。ダンスであればダンサーの人がどういうコンディションなのか、どういう気持ちで本番に出られるのかがすごく重要なんですよね。だから、視覚的にお客さんが「綺麗だな」と楽しめたり、「この人はこういう役柄なんだ」という意味を理解したりするための要素も半分ありますが、残りの半分は、それを着て舞台に出る人たちが「気持ちよ

く現場に臨めるかどうか」を意識しています。そういう意味で、着る人に作用するものを作りたいという意識は強いかもしれないですね。シルエットに関しても、見た人が「綺麗だな」と思うよりも、着たときに体感できるものを考える方が強いかもしれません。

　僕自身のコレクションに関しては、生地の重さと量感にもかなりこだわっています。うちは生地を使っている分量が多いんです。ドレスやワンピースは特に。取り都合が悪いんですけど（笑）。

水野：お話を今伺ってわかったのは、舞台衣装で気をつけられていることが今の作品にも如実に反映されているのかなという点です。たとえば、肩やウエスト周りに特に意識が集中しているのは、服がその全重量を預ける部分であり、重い生地で作った服に影響をあたえることがあるから、今も注意されているのかなと思いました。それと、取り都合が悪いというのは、たとえば地の目が片方向しか走ってないといったことですか？

スズキ：それもありますし、直線のパターンが少ないんです。ダーツもちょっと曲がっていたり、曲線のものが多いかもしれません。

水野：そういうディテールも、歴史的な服が持っているものと、スズキさんの作りたい人間像や世界観に適合するものとのバランスを考えて選んでいるのでしょうか。

スズキ：基本的にはそうです。なんでもかんでも曲線にしたいとは思ってないですし、昔のものからしか情報が得られないとも思っていないので。たとえばダンサーの衣装をやることによって、パターンをこういう風に書いたらおもしろくなるなとか、今の人たちから勉強させてもらうこともかなり多いと思います。

水野：縫製についても少しお聞かせください。スズキさんはロックミシンではなく、パイピングで縫い代処理をしたりと、縫製や始末の部分でのこだわりはあるんでしょうか。

スズキ：ものにもよるんですけど、細かいところだと、たとえばロックミシンをかけずに縫い代を細くとっておいて、割って、捨てミシンを一本入れるという風にしているものもあります。素材感やシルエットにこだわっているので、パイピングにしても巻き縫いにしてもロックにしても邪魔になるときがあるんです。そういう意味で仕様はかなり考えます。あとは、当たり前ですが肌への当たりも考えます。

理由もなくなにかをすることは避けたいんです。シャツだったらよく「折り伏せ縫いがいい」と言われますが、「袋縫いにして片倒しにしてステッチで押さえるのではダメなのか」、「その違いってなんなんだろう」と考えたり。もちろん工場の方と話すところでもあるので「これ縫いづらいよ」と言われたりすることもあったりします。

何にせよ、ものには理由があると思うんです。理由がない場合は、理由がないという理由がある。古着でもよくあるじゃないですか。「これ絶対に適当に直したな」みたいなものが。それはそれでおもしろいし、適当がいい場合もあるので、そういう場合は僕も適当にやります（笑）。ただ、技術が継承されていない問題が今後浮き彫りになることは見えているので、作る側の人間としても意識をしていたい。というのも、ただ直線を縫うのでも何かしらの技術や上手い下手の理由があるはず。上手い人と下手な人の違いは単純に熟練かどうかではなく、ミシンを踏む速度やリズムに原因があるのかもしれない。そういったことが継承されていかなければいけないと思います。

水野：現在、日本では工場の職人さんが高齢化し、さらには人口も仕事も減っています。全体的に作業工程は分業化し、どういう風に全体を最適化して技術を残せばいいのか、最適化された技術が何なのかがわからなくなってきています。スズキさんはデザインするだけでなく、自分で縫ったりパターンを引いたりすることもあるので、全体を俯瞰してどうすればいいのかが見えている分だけ、課題が明確かもしれません。また、そういう方が技術者や職人のなかにもいるはずですが、そういった人材自体の数がそもそも少ないかと思います。職人たちの技術がいかに優れたものであるか、また、どういう系譜で残すべき価値があるのかを説明することも、デザイナーは担わないといけなくなるのでしょうか。

スズキ：技術が継承されていく手助けになるようなデザインをおこすことは可能です。もちろん、なくなってしまう技術もある。この問題は最近よく言われていますが、100年前でも200年前でもあったはずなんです。当たり前のように絶滅してしまった技術がある。ただ、どうしてそれを残さないといけないのかが重要で、そこに対するアプローチを考える必要があると思うんですね。生産背景やモノ作りの仕方をデザイナーは意識しないといけない。

極論ですけど、僕はものすごいお金持ちになろうとは思っていません。ある程度の数の人が自分の服を必要だと思ってくれたり、感じるものがあると思ってくれればそれでいい。そうすると、着心地や質感、シルエットのような人に作用するものが重要になってきます。特に最近は年齢層が上に伸びていて、そこにこだわる方がかなり多い。そうしたことを考えると、僕たちが作り続けていくために残さないといけない技術が絶対に出て来るんですよね。だから、自分たちが作りたいものを作れなくなってしまわないように、「種まき」と「刈り入れ」を同時進行でやっていくことを意識しないといけないと思っています。

水野：種まきから刈り入れ、そしてまた種をまいて……という風に、伊勢神宮の式年遷宮のような技術の継承の役割を担うのは美術館・博物館や資料館がふさわしいと思うのですが、そうした場所を実際に使われることはありますか。

スズキ：資料を見に行ったりすることはあります。ただ気をつけないといけないのは、「社会では必要とされてはいないけれど技術だけは残しましょう」という経緯で残った伝統工芸的な技術はちょっと種類が違うんですよね。さっきの職人さんの技術の話もそうですが、社会のなかでちゃんと野生で育っている技術じゃないと実際には使えないんです。もちろん、美術館の方たちが残していただいている技術も大事なのですが、それを汲み取って野生で植えて育てていくのが僕らの仕事だと思います。

水野：次に繋がらないものをアーカイブされても、デザイナー側からするとあまり使い道がないから困ってしまう、と。

スズキ：別枠なんでしょうね。何かの拍子に過去の種子とか遺伝子が必要なときが出てくることがあっても、僕らはそれをずっと育てていくことはできない。でも、そういうものを美術館が当時のまま保存しておいてくれれば、必要なときに僕らは取り出せる。コストのことや日々進化している技術にどう対応するかは、常に育てているものでやらないといけない。そして、それを確保していくのが僕らの仕事。大事なのは、両方の立場の人がそういう活動を意識して、かつ無理なくやらないといけないということ。無理するとなくなってしまうので。

ただ、今かなり厳しいですからね。うちでもどうしても変えたくないと思っていた工場を変えざるを得ない状況があったりします。生産側のシステムやブランドとの関係性など、工場の立ち位置も変えていかないといけないんですよね。本来は、強い工場がブランドをいくつか抱えて、その規模感のなかでディレクションし、ブランドのバランスを考えながら徐々に大きくしていくのが望ましいかもしれない。10年、20年のスパンで物作りの現場が仕切れるようになっていかないと、全部潰れてしまう。工場が先に潰れると、僕らも困る。ただ関係性を密にするというよりは、ビジネス的に密にしていくことが重要かなと思います。

水野：美術館の役割とは、今すぐ使えるかどうかはわからないけど、過去からずっと脈々と続いている種をまずは収蔵すること。一方デザイナーは今を生きており、未来を作る役割があるので、場合によっては上手くデザイナーが育てている未来の種と美術館が保管、収蔵している種を配合させることができる、と。もう一方で今の話には工場さんがいて、そこには多様な機材があり、それらを使いこなせる職人さんがいて、ノウハウがある。だから、彼らがいなくなるとデザイナーとしては非常に困る。そういう意味で、デザイナーと工場の関係とは持ちつ持たれつでいる。時間が経てば代替わりもするけれど、多様なデザイナーが多様な活動をすることを許容する大きな工場があれば、「つくる文化」が維持されるという意味でデザイナーにも非常にメリットがある、と。

スズキ：実際に生産しているところが、回って来た仕事をこなすだけという受け身の姿勢だとまずいですよね。生き残れる仕事を自分たち

で生み出していかないといけない。それをデザイナーと一緒に考えることもありえる。もしくはデザイナー側が、自分の工房やアトリエを持つという方法もあります。ただそれは、年間を通して回していくことを考えると、ある程度の規模がないと難しい。実は、僕らが目指しているのはそこなのですが。今取引をしている工場さんと相談しながら、事業的にひとつにしていくのも実験的にはおもしろいと思います。ただ、今の僕らの規模感や年間の物量的な問題を考えると、ミニマムな工場じゃないと難しい。一月に作れる分量がかなり少ないので、シーズンにある程度まとまったものを放り込むのが難しくなる。でも、ある程度の分量を毎月作って、毎月卸すことができればシステムの構築は可能だと思っています。今僕らが目指しているのは、年間を通じて細かいサイクルだけれど、自分たちがアトリエを持って無理なく回していくことですね。

蘆田：何か具体的な試みは既にはじめていますか。

スズキ：今はまだできていませんが、通常の納期とは違うやり方での納品でも、お客さんが待ってくれさえすればビジネスとして成立するのではないか、という相談を卸先としています。うちのikkuna/suzuki takayukiというオーガニックのラインは、2シーズン前から納品形態を変えています。2ルックずつを5ヶ月のあいだ毎月入れるというやり方をしているんですね。それは比較的上手くいっていて、もう少しそれが軌道に乗れば本ラインの方もそういう形にしていきたいです。

蘆田：5ヶ月というのは？

スズキ：シーズンが半年で6ヶ月あるうち、5ヶ月間毎月ちょっとずつ納品がある感じですね。通常、春夏だと1月〜2月、遅くても3月には納品される。そうすると6ヶ月のうち3ヶ月しか納品がない。お店としてはそれでいいのかもしれないけれど、工場は困るんですよね。受けられるキャパに限りがあるから、忙しいときは仕事を断らざるを得ない。一方で暇な時期もあるので、断った仕事がその時期に分配されたらいいのに、と。それに対するアプローチを最近はしています。

蘆田：そうなると、セールというシステムをどうにかしないと難しいですよね。

スズキ：在庫を抱えないようにしないといけないんですよね。在庫を抱えると、捌くためにセールをしないとダメじゃないですか。今うちは自社店舗を欲しいと思っているんですが、たとえば、1、2年で全部捌けるから「セールはしません、ずっと置いてます」というサイクルも可能です。ただ、100％売り切ることは難しいので、残ったものをどうするかが問題になる。そこをセールではなくどうクリアするのか。

　今の世の中、考えているように見えて考えていないことが多いかもしれないですね。サイクルが速くて、速く回転させないと止まってしまうからだと思うんですけれど。生産背景を考えると、サイクルはもう少しスローなほうがいいと思います。ここ20年くらいのあいだのファッションビジネスのやり方は、これからを考えると無理がありますよね。大きいところはすぐには方針変更できないと思うので、僕ら規模のブランドが別のやり方を模索し始めるのは、非常にいいチャンスだし良い時期だと思っています。

水野：宮大工だって式年遷宮だけでは暮らしていけないので、20年の間にいろいろなものをつくって生計を立てることも技術を継承するためには重要ですよね。一方、今日のファッション業界は消費のサイクルがこれまで以上に加速しており、在庫過多や価格競争といった問題も起きています。そこで店舗にワークスペースを設け、小さなエコシステムを構築するかのように自分で作って自分で売って自分でメンテナンスもして、みたいなことをお客さんと一緒に回していくのもひとつの方法なのかなという気がしました。このような話は、ウェブの力を借りるというのも有効なのではないかと思われますが、そこに関しては今までなにか活動はされてきたのでしょうか。

スズキ：自分たちのウェブサイト内にマーケットページはあるんですけど、ほぼ機能していません（笑）。でも、ECサイトでうちの商品を扱ってくださっているところはあって、そういうところの売上は伸びています。以前に比べて高いものがオンラインショップでも売れるようにな

りましたよね。うちの商品は、Tシャツで1万円、ブラウスで3万円、コートだったら7〜10万円と決して安くはない。だから、昔ならネットでは買えないという意識だったのが、今はそうでもない。実物を見てウェブで買う人も増えているし、購買者の意識が変わってきていますね。ECであれば小さなパイでも世界中から集めるとそれなりになる。

自分たちでアトリエを持つと言っても、「アトリエでひとりで縫いながらやっています」といったやり方は良策ではないと思っています。僕らは、ある程度大きな規模でやりたいんですね。そのためのひとつのツールとしてウェブを使うのはありだと思います。ある程度の世界観を持ったもの作りをしているブランドがあって、サイクルをスローなものにしている。とはいえ同じものを作っているわけではなくて、良いもの、新しいものをどんどん作り続けていって、それが世界的に認知されていてある程度の規模感で独自のサイクルで回している。さらに工房まで管理して、きちんと作っているという風にしないと日本の生産業が死んでしまうと思っています。

水野：今日伺っている話の最初にも接続する話かと思いますが、遍在するスタンダードでそこそこのクオリティの服は過剰に供給されている中で、ちょっと変わった作品をいかに作り続けるか。自分たちのアーカイブみたいなものをずっと継承し、利活用していくためのひとつの方法として、DIYの完全に閉じたエコシステムできっちり作り込むことも必要ではないか、ということかもしれませんね。

スズキ：まさしくそういう側面はあると思います。協力しあわないといけないけど、依存したら育っていかないんですよね。その違いを、みんなが理解した上で共存していくことが必要なのではないでしょうか。

水野：実際に生産するいろいろな人たちと上手くチームを組む、と。

スズキ：そういうことですね。それを長期的なレベルで考えないといけない。今残していこうとしていることは2、3年残せばOKという話ではなく、10〜20年、下手したら100年、つまり自分たちがいなくなってからもというレベルで考えると、サイクル全体の話になってく

る。もしかしたら、適正なサイクルを探していくことが、シーズンにどういう服を作るかよりも重要なのかもしれない。あとは、パーソナルなものの方がグローバルに対応していけるということもあります。わかりやすくスタンダードで万人に受けそうなものがグローバルに対応していけるかというと、実はそうでもない。爆発的な売上にはならないけれど、地域色のあるものやパーソナルなものの方が必要とされていて、どこにでも通じるものになるのではないかと考えています。

蘆田：僕はいま大学で教えているのですが、スズキさんがおっしゃったように、「ファッションデザイナーはただ服を作っていればそれでいいのではなく、売り方やシステムまでデザインしないと生き残れないし、服も作れなくなってしまう」と口を酸っぱくして言っています。ただ、具体的にどういう戦略を取るべきかまではなかなか見えない。先ほどのお話にもありましたが、今までのファッションのサイクルもセールもダメなのはわかっているけれども、セールをなくしたら在庫を抱えるリスクもある。これまでお話していただいたこと以外に、具体的にこういうアクションが今できるのではないか、というアドバイスはありますか。

スズキ：当たり前ですが、自分にとっての適正なビジネス規模を認識したうえでデザインをすること。在庫を抱えないといけないのは、それだけ作らないと固定費が回せないからです。そうすると、売れなくても売らないといけないからセールにせざるを得なくなる。自分の力量とも関係してくるのですが、そういうところを適正に認識できるかを考えることが第一だと思います。

蘆田：できることをまず把握するっていうのは大事ですよね。

スズキ：そういえば先日、学生の方にインターンシップについて聞かれ、具体的にどのようなことをやるのか話をする機会がありました。インターンの学生ができることも色々あると思うのですが、自社のなかでもの作りをしていないところであれば、「生地見本貼って」といった紙の上の作業になってしまう。そうすると、インターンシップで

自分が何をしたいかが大事になってくる。それと同じことが僕らにも言えて、自分たちがどういう方向のデザイン、もしくはどういうことをしたいかによって作り方や仲良くするべき相手、そしてお客さんも変わってくる。自分とやりたいこととの対話なので、お客さんが求めればなんでも作るというわけではない。ただやっぱり明確にしていくことは重要ですね。

蘆田：ターゲットや届ける相手を明確にする、と。

スズキ：そうですね。今以上に掘り下げていく。ものごとには原因があって理由があるのに、なんとなくアバウトにし続けてきたツケが今まわって来ている気がするんですよ。だから、当たり前のことを適正にやっていく。それが一番難しいんですけれど、そういう習慣を学生のうちからつけていくこと。わかりやすいことだけやっていればいいというわけではないので、そこからどう逸脱するかも大事ではあるのですが。分析をすると同時に、自分が見たこともないものや新しい刺激を受け入れていくことを同時にできれば、将来の展望は広がっていくのではないでしょうか。

スズキタカユキ
1975年愛知生まれ。東京造形大学在学中に友人と開いた展示会をきっかけに映画、ダンス、ミュージシャンなどの衣装を手掛けるようになる。2002-03年秋冬コレクションからsuzuki takayukiとして自身のブランドを立ち上げる。

収録：2015年6月6日
編集協力：植田真由

interview
石関亮
南目美輝

京都服飾文化研究財団と島根県立石見美術館

蘆田：今回は京都服飾文化研究財団（以下、KCI）の石関亮さんと島根県立石見美術館の南目美輝さんにインタビューをお願いしました。お二方ともファッション専門のキュレーターですが、おそらく読者のなかにはKCIのことや、石見美術館にファッション専門のキュレーターがいるという事実を知らない人がいると思いますので、まずそれぞれの組織について簡単にお話しいただけますか。

石関：KCIは下着メーカーの株式会社ワコールが100％出資している研究機関です。現代ファッションの源泉である西洋の服飾を収集、研究しながら、その成果を展覧会や出版物というかたちで公開をしています。美術館というには施設面で見劣りがしますし、展覧会の企画を活動のひとつにしているのでリソースセンターや研究機関とも違う、それらの中間くらいの立ち位置だと思っています。

蘆田：展覧会が主な事業とのことですが、それはどのような目的で行なっているのでしょうか。

石関：服飾の歴史を探求することで、現在私たちの着ているものがどのような経緯で生まれてきたのかを知り、さらにはこの先私たちの服がどのような方向に向かっていくのかを考えていこうというのが、KCI設立の趣旨です。展覧会という形式は、過去の服はこういうものでしたよ、それがこのように変化していきましたよ、ということをわかりやすく見せる手段のひとつです。その考えが根っことしてあるために、KCIの公開活動は展覧会が主軸となっています。他にも、『Dresstudy（ドレスタディ）』（2015年春より『Fashion Talks...』に名称変更）という研究誌や、ドイツのTASCHEN社と共同で『Fashion』というKCIのコレクションを紹介する書籍を出版しています。KCIには展示スペースがほとんどないこともあり、他の美術館、とりわけ京都

国立近代美術館と共同で展覧会を開催してきました。展覧会をしていない時期もありますので、そのあいだにもわれわれの活動をしっかり知ってもらうために、出版活動も行なっているのです。『Fashion』で私たちのコレクションをざっと眺めていただくと18世紀から現在までのファッションの流れがだいたいわかりますし、また『ドレスタディ』に関して言うと、服の成り立ちやファッションと社会との関係といった、ヴィジュアルでは伝えきれないようなテーマを論考やエッセーなどの文章で取り上げています。つまり、いくつかのアプローチを使い分けて発信しています。最近では、デジタルアーカイブというかたちで収蔵品の写真と解説をウェブ上に載せていつでも閲覧してもらえるようにもしています。

蘆田：デジタルアーカイブが始まったのはいつ頃ですか。

石関：2002年です。そのときは文化学園服飾博物館と一緒だったのですが、当時、国内各地で収蔵されている衣服やファッション関連資料のデジタルアーカイブを整備しようという機運があり、経産省から補助金をいただいたんです。

蘆田：文化庁ではなく経産省なんですね。

石関：そうです。2001年に経済産業省高感性ファッション産業創生支援基盤整備補助金という支援事業から予算をいただいて収蔵品の検索データベースを刷新し、一般の方にも利用できるようにしました。それから、ウェブサイト上で一部の収蔵品を公開したりしました。

蘆田：それでは次に、南目さんから石見美術館の設立経緯や活動をお聞かせください。

南目：石見美術館は、松江にある島根県立美術館につづく2館目の県立美術館として、2005年、島根県西部の益田市に設置されました。島根県は東西に長く、石見美術館が設立される前は、県の東部に県立の文化施設が偏っていました。県西部に新たに整備する美術館設立に

あたって、美術館の規模や内容などまったく白紙の状態から始まりました。それが1997-98年頃のことです。私はそのとき松江の県立美術館の開設準備をしていたのですが、そこのスタッフと県西部の美術館担当の学芸員が集められて石見美術館の方針について話し合いました。そのなかのアイディアのひとつにファッションというのがあったのです。私たちはまったくファッションのことがわからなかったので、KCIなどに話を聞きに行ったりしました。そのほか、明治期に日本に美術を根付かせるための大きな役割を演じた森鷗外が石見出身の作家だったため、「森鷗外ゆかりの美術家」も収集方針のひとつになりました。

蘆田：なぜファッションを集めようと思ったのですか。

南目：そもそものきっかけはファッションデザイナーの森英恵さんが島根県西部の六日市町（現吉賀町）出身だったことですね。地方に美術館をつくるときは、美術館の収集方針や活動の柱が地域密着型であることが求められていたので。

蘆田：日本では国公立のファインアートを扱う美術館がファッションを集めることはあまりないですよね。前例のないことを地方の公立美術館でするのは難しかったのではないかと想像するのですが、どうでしょうか。

南目：人の巡り合わせが良かったというか、行政の担当者からの理解があったのです。そのときの担当者がすごく熱心で、美術館とはどうあるべきか、学芸員はどういう人であって美術館にはどのくらいの人数を配置しなくてはいけないのか等、いろいろ調べていたんですよ。二つ以上の県立美術館をもつ他の県の美術館などに聞き取りにも出かけていました。その結果、県西部に新設する美術館は、「松江にある県立美術館の分館ではなく、独自の収集方針と活動方針をもつ独立した館でいこう」ということになりました。県立美術館として、ほとんど最後に設置される館だから思い切ってやろうという気概はあったと思います。

蘆田：当時、海外でもファッションを収集の対象とする美術館が出てきていましたよね。どこかモデルとなる美術館はありましたか。

南目：海外の美術館では服飾を扱うのが一般的なので、「とにかく見に行ってこい」と、メトロポリタン美術館のコスチューム部門を見せてもらったり、アントワープのモード美術館の企画展を見に行ったりしました。実際に目にするまでは美術館でファッションを扱うとは、どれだけ特殊なことをしているのだろうと思っていたんですけれども、やっていることはわりとファインアートと一緒というか、そんなに特殊ではないなと思ったんですね。服飾資料は、油彩画などに比べると繊細なものですので、古美術と同じくらいに気を使わなくてはいけないとは感じました。石見美術館では古美術専門の人が同僚にいましたから、ファッションの美術館を見せてもらった際に納得しやすかったのかもしれません。

水野：KCIは海外の美術館やアーカイブを参考にされていたりするのでしょうか。運営や収蔵品のセレクションの仕方とか。

石関：他の美術館の収集の仕方や収集方針ってあまりわからないんですよね。また、他の多くの服飾美術館は民族衣装も集めていて、幅広く「衣服とはなにか」と考えているように感じます。KCIは西洋の服飾に特化しているのでその範囲が狭いだけに、他館を参考にしにくいというのはあります。基準が他と少し違うというか。

蘆田：KCIが設立時にモデルにしたのはメトロポリタン美術館だったのではないのでしょうか。

石関：ニューヨークのメトロポリタン美術館で「インヴェンティヴ・クローズ」という展覧会が1973年に開催されました。当時のメトロポリタン美術館衣装部門のキュレーターは、ダイアナ・ヴリーランドという、衣装展示のあり方を大きく変えたといわれる女性です。その展覧会を三宅一生さんが見て、「こういうものを日本でもやらなきゃいけない」と思い、当時ワコール社長だった塚本幸一が賛同して、京都国立近代

美術館にて「現代衣服の源流展」というタイトルで巡回展を開催することになりました。そういった経緯を塚本自身が経験していたので、KCIをつくることを思い立ったときにまず参考にすることになったのがメトロポリタン美術館だったのでしょう。特に保存や修復といった収蔵品管理について非常に多くのことを教わりました。

蘆田：設立当初、KCIはどのような作品を収集していたのでしょうか。

石関：1978年の設立当初は、同時代のものは集めていませんでした。新しくても50-60年代のバレンシアガとか、ある程度歴史化しているものを集めていて、主だったのはやはり18-19世紀のものですね。あとは下着も収集対象としていたので、19世紀のコルセット、クリノリン、バッスルなどが大量にあります。

蘆田：石見美術館はどのような作品を収集しているのでしょうか。

南目：最初は限られた予算と時間のなかで、ファッション関連作品を展示することを想定していた300平米の展示室を埋めることを考えました。そのためには、まず森英恵さんが参照した西洋の衣装、ひとまずは20世紀の西洋の服飾史が概観できるような衣装を集めるべきということになりました。ほかには、ファッション写真やファッションプレートも収集しました。同僚に美人画を研究している学芸員がいるのですが、「ファッション」という枠組みで近代の美人画もコレクションしています。ファッションという領域を広く捉え、さまざまなものを収集して展示しようと考えています。

蘆田：たしか石見美術館では森村泰昌の作品もファッションという枠組みなんですよね。

南目：そうです。森村さんの女優シリーズは「装う」という点でファッションだと捉えています。

ファッションと服飾

石関：石見は当初から「ファッション」というテーマで集めようとされていて、「服飾」ではないんですよね。だからこそ、近代の美人画をファッションという枠組みで捉えられたりもする。

南目：そうですね。だからファッションという枠で、近世の屏風も収集しています。地方の美術館ではいろいろなジャンルのものを見たいという要望も強いので、石見美術館のようなファッションのとらえ方もありなのでは、と思っています。

石関：僕はファッションという広がりを持たせるのはすごくいいことだと思うし、いまの美術館の流れだとも思います。KCIの場合は「西洋の服飾」を対象にすると明言し、「京都服飾文化研究財団」という名前をつけたりもしています。あと、これはメトロポリタン美術館の影響だと思うんですけれども、英語だと「The Kyoto Costume Institute」という表記で、やはり「コスチューム（衣服、服装）」と言っています。つまり、KCIでは服を集めなければいけない、服を研究しなければいけないとある種の自己規定をしているのです。現代では、写真やファッションショーの映像なども収集の対象になりえますが、KCIの場合は「服そのもの」を収集する傾向にあります。たしかにいま、ファッション写真も収集品として必要だと思うこともありますが、ほとんど持っていませんし、いまから体系的なコレクションを形成するには莫大な収集予算が必要になります。ですので、展示で必要な場合は石見美術館さんや神戸ファッション美術館さんからお借りすることになるでしょう。面白いことに、世界的にも当初は「Costume Institute」や「Costume Museum」という名前だった美術館が、だんだんと「Mode」とか「Fashion」とかを冠し始めるようになったのです。服だけではなく、服以外の事象も含めた大きな流れとしてファッションを捉えようとしているのではないでしょうか。

ファッションをアーカイブすることの意味

蘆田：根本的な質問になりますが、なぜそもそもファッションを収集・保存しないといけないのでしょうか。私たちが日常使っているものは服以外にもたくさんあります。いまであれば、例えばiPhoneケースが日本中のいたるところで売られていて、しかも少なからぬ人がそれを使っている。でもこのiPhoneケースってどこも収集していないですよね。

石関：iPhoneケースはまだそれを保存することに人々の目が行き届いていない、つまり流行とそれをアーカイブしようという動きのあいだには時間差があるということだと思います。ファッションの場合は早い段階で気づけたというくらいでしょう。ヴィクトリア・アンド・アルバート美術館は最も早く服を収集した美術館のひとつですが、それはロンドン万博で展示していたものをそのまま収蔵する形で美術館が誕生したからです。当時の万博では開催国の高度な文化や国力を誇示する目的で工業製品や工芸品、豪華な服飾品などさまざまなものを出展し、かつ植民地の文化を紹介していました。そこで集まったものをリソースに産業博物館をつくるというのがミュージアムの成り立ちのひとつだったので、そこに服が収集対象として入っていたことは大きいと思います。

南目：私はいま子ども服のことを調べていて、戦前には衣食住にかかわるものを展示した「婦人子供服博覧会」などが大々的に開催されていたらしいのですが、そこで展示されたものがどうなったのかわからないんですよね。

蘆田：そのような話を踏まえると、KCIや石見美術館も産業への眼差しがどこかにあるのでしょうか。ただ収集して作品をしまい込んでも仕方ないですよね。いま、多くの美術館は集めるお金もなければスペースもない。そのなかでなにを選び残していくべきなのか考えなくてはいけない。そのためには、その目的や想定されるユーザーが誰なのかを考える必要があるように感じます。

石関：これからやっていくべきことは、社会への具体的な還元みたいな話だと思います。いままでは単純に展覧会を企画して「ほら良い作品ですよ」と見せるだけだった。それはつまり、啓蒙的な、あるいは権威主義的な考えがあったということだと思います。幸運なことにそれでも周囲から評価をされた。いまはそれよりもオープンソースとしてパブリックに開き、活用してもらうのがよいかもしれません。そして、実際にどういう風に活用されていったかということを具体例として示す必要がある。

組織経営上も運営資金が必要なので、ファンドレイジングを真剣に考えていかないといけない。単に「展覧会やりました」とか、「こんな作品を買いました」だけだと資金はまったく集まりません。実際にどのように活用されているかを記しながら、「こういう意義があるので支援してください」というアピールが求められる状況になってきていると思います。お金をもらうことがすべてではないですけれども。

水野：とはいえ、お金を集めないと活動の継続ができない、活動の継続ができないとアーカイブがそもそも維持できませんよね。「啓蒙」から「活用」へというシフトはいつ頃から起きたのでしょうか。

開かれた美術館へ

南目：美術館でいえば、「教育普及」というキーワードが盛んに使われ始めたのが90年代の前半ですね。この言葉が出てきて、啓蒙のための美術館というよりも開かれた美術館が目指されるようになりました。ちょうど私が就職した頃で、美術館のミッションがガラリと変わるのは感じていましたね。

私は小さな町で暮らして、他所からのアクセスが良くないところで仕事をしていると、「誰のために向けてやっているのかな」といつも思うんです。ファッションの好きな人がわざわざ来てくれるような企画をつくろうというのがモティベーションになってはいるのですが、石見

地域では寂しいことに、高校を卒業するとほとんどの人が大阪や東京のような都会に出てしまって地元に残らないんですよ。ですので、ターゲットは高校生以下になると思ったんです。石見美術館では、子どもたちが「なぜ美術館でファッションを扱うんですか」という疑問を抱かないくらいに、服をはじめ、ファッション関連の作品が展示されているという状況があります。そうすると、「ファッションを美術館で展示するのって珍しいよね」、「なんか変わっているよね」とすら思わないくらいにみんな慣れてくるんです。

　開館当初は、美術館の入り口で、「ここは有料なんですか？」と尋ねられることがありました。「美術館がなかったところに美術館ができるというのはこういうことなんだ」と実感しました。それではまずいと思い、様々なジャンルの展覧会を開催する一方で、とにかく来館者と話すことを心がけました。私たちの美術館は地域の小学生なら無料で入れるんです。そうすると、小学4年生くらいの子が学校帰りに子どもだけで来てくれるんですよ。それだけですごく嬉しくて、「おばちゃんとお話ししようか！」みたいな感じになって（笑）。美術館の敷居を低くしようということは、当館のスタッフは意識していると思います。

　それから、昨年の博物館実習で、本気で学芸員になりたいという人が来たんですよ。開館した10年前はそんな人いなかったのに。「なんで学芸員になりたいんですか？」って聞いたら、「中学の頃からここの美術館に通っていたから」って。地域でそういう人が育つということはとても嬉しいです。

　私たちの美術館は、ファッションのアーカイブをいかに構築すべきか、などという大きな話に至らないところで、美術館というものを地域に根付かせる活動を10年かけてやってきたということがあります。

石関：それは土壌がうまく醸成されているということですよね。

南目：わからないですけれどもね。教育普及の担当者がいないなか、皆がいろいろな人と情報を交換しながら手探りでやってきたので。経験を重ねる中で、大学生以上の若者がいないからこそ、子どもと、そしてリタイアした世代以降の年配の方がターゲットだと実感するようになりました。

アクセシビリティ、エンゲージメント、ダイバーシティ

水野：ドミニク・チェンさんと2012年にシンポジウムでご一緒したときに、開かれた資源を届けるためには三つのことが必要だと彼が言っていました。ひとつ目にはアクセシビリティを高めること。つまり機会を最大化すること。二つ目はエンゲージメントを高めること。例えばコミュニティをつくることとか。それから三つ目がダイバーシティ。多様性を担保していろいろな人がいろいろなものを求める、そのゆらぎを許容しようと。

　これはウェブ環境についての話だったのですが、美術館とか現実の空間でも同じような話はできると僕は思っています。いまの石見の小学生の話は、エンゲージメントを高めるためにチケットを配布したり、教育プログラムがあったりすることでアクセシビリティを高める話として非常に面白いと思いました。また、しばしば文化施設で想定されがちなターゲットとは異なり、高齢者や子どもがたくさん来るように仕向けていくのも面白いですね。KCIでは、この三つの要素に関してどう考えていますか。

石関：これまでKCIは三つの要素と逆の方向にいっていたと言えるかもしれません。まず、アクセシビリティは高くないです。展示スペースはないし、収蔵品は基本的に非公開なので、閉鎖的と捉える方もいらっしゃるでしょう。二つ目のエンゲージメントについては、外部の方とさまざまな形で関わりあうことがあまり多くなかったです。例えば、他の美術館と展覧会を共催するといっても、相手館との結びつきを強めるような取り組みが残念ながら少なかったように思います。最後のダイバーシティという概念をドミニク・チェンさんがどのように捉えているかはわかりませんが、われわれはどちらかというと研究者や美術関係者に目線が行っていました。つまり、オーソリティーのほうに向いて、そこでの評価がよければOKというような部分があったかな、と。ただ、そのやり方はこれまで有効に機能していた戦略

だったと思うんです。それによって海外の有力な美術館にも認められる機関になれた。しかし、今後はそれとは違う方向へも視線を向けないといけないと感じています。さっき水野さんが言っていた三要素というのは、今後のKCIにとっても考慮すべき要素だと思い、非常に共感しました。

水野：多様性を担保するというのは、アーカイブにおいてなにを取捨選択するかという先ほどの問題とつながっていく部分が大いにあると思います。石見美術館にはファッションプレートから森村泰昌まである。一方で、KCIではあえて手広く収集しないことがかえってコミュニティのエンゲージメントを高めている。両者ともに戦略としては「あり」だと思います。他方で、さまざまな分野の研究者にももっと使ってもらいたい、という思いも生まれます。ファッションの研究は服の研究だけじゃないけれども、服そのものを見ると、それ以外のことも考えられるようになるだろう、と。いま持っているリソースをどのように多様性のなかに共有可能なものとして投げ込んでいくのかが、これから重要になるのかもしれないですね。

石関：例えばKCIは現物の服を中心に集めていると言いましたが、一方で別の資料として18-19世紀のファッションプレートや紙資料を多数持っています。いままではそういうものをどちらかというと副次的なもの、つまり制作年代の同定をするための資料というかたちで捉えていたのですが、もっとオープンにしてそれも展示品として見せるとかすると、KCIが持っているリソースへのアクセシビリティを高めることもできるのかなと思います。

水野：来館者やリソースの利用者の観点からも、いままで副次的に扱われていた情報がもっと前に出てくると、見方も変わるであろうと。

モノの収集とデジタルデータ

蘆田：1995年からインターネットが普及してきて、2002年にデジタルアーカイブがKCIにもつくられた。それまではアーカイブといえば、モノを保存することしか想定されていなかったわけですよね。でも2000年代に入ってからは、例えば紙資料がデジタルデータに取って代わられる可能性もでてきた。デジタルデータはそのままオンラインで公開できるというメリットもある。紙の質感や印刷されたモノとしての文字に意味があるのではなく、文字の意味内容に重きを置くのであればそれで十分という考え方もできます。その一方で、モノのテクスチャーが重要だという考えももちろん出てくるので、モノそれ自体を保存しなければいけない場合も当然ある。KCIの設立当初はモノを保存する以外の選択肢があまりなかったと思いますが、21世紀になってデジタルアーカイブが可能になった後の収集方針に変化はあったのでしょうか。

石関：収集品に関して言うと、まだモノ寄りですね。モノとしてそこにあるということに重きを置いています。たしかに、そこを変えていく必要もあるかもしれません。ただ、デジタルデータの収集をするとなると、いままで僕らが培ってきたノウハウが使えない場面が多々あると感じています。ですから、新しいノウハウを構築しなければいけない。そのときには、僕ら以外のその道のスペシャリストがやったほうがより効率的で、より公正な基準で残せるかもしれません。

南目：私もまったく同感です。理想の姿を考えると、アーキビストの養成と配置が必要だと思っています。

石関：基準作りという意味では、石見美術館や神戸ファッション美術館のように同じジャンルでKCIと違ったリソースを持った美術館、あるいはNTTインターコミュニケーション・センター（ICC）のようにKCIとは真逆でデジタル環境やITに特化した美術館と一緒になって話し合える場があれば一番いいと思います。せめて日本国内だけでも。

蘆田：去年、社会学者の吉見俊哉さんと弁護士の福井健策さんが監修した『アーカイブ立国宣言――日本の文化資源を活かすために必要なこと』(ポット出版、2014年)という本が出版されたのですが、そこでまさにアーキビスト育成の必要性が謳われています。少しずつではあるかもしれませんが、議論の場が生まれつつあるのかもしれません。

　話を少し戻しますが、KCIの収集活動がモノ寄りだとして、その取捨選択の基準はあるのでしょうか。

石関：「展示」がひとつのキーワードになっていると思います。例えば、服飾史で取り上げられる過去の衣装というのはある意味で歴史化されているので、展示対象としては非常にわかりやすい。KCIの中でよく「展示映えする」という言い方をするのですが、展示をして観客が対象とちゃんと距離感を取れるようなものが選ばれる傾向にあります。現代の服をそのまま展示してしまうと、観客が距離感を取りにくくなってしまうのではないか、という不安感もあるわけです。現代の服をどのように展示するか、あるいはなにを収集するのかについては、いま悩んでいるところです。

蘆田：2015年のものを2015年に展示すると、観客が対象との距離を取りにくいというのはよくわかります。しかしながら、年月はどんどん過ぎるので、例えば2015年の作品が後から振り返って見られる時代が来ますよね。ファッションはサイクルが非常に早いので、2015年のものは2015年に買わなければ、もう買えなくなってしまう。ですので、10年後や20年後に向けてなにを集めるべきなのか、なにを残すべきなのか考えないといけないのではないでしょうか。

石関：それに関しても、いままでは後追いだったんです。1978年の設立当初は同時代の作品を買っていなくて、90年代くらいになってから「やっぱり70年代も必要だよね」となって後から買っていました。その時間差が段々と短くなってきて、現代の作品も買うことになったとき、基準が組織の中でまだちゃんとできていなかったのも事実です。KCIには学芸員が6名いるのですが、各自が客観的に見ながら価値を共有できるものを残していくことをいまは考えています。

取捨選択の基準

蘆田：石関さん個人としては、どのような作品を残していけばいいと思っていますか。

石関：いままでKCIはデザイナーのものを中心に集めていたんですけれども、いまはそれが流行をつくっているかというと、必ずしもそうとはいえない。とはいえ、一般に流行しているものを集めるべきなのかというと、そうとも言えないのではないかと悩んでいるところです。

蘆田：いまの日本の若い女性の多くが東京ガールズコレクションに出ているようなブランドを買っているのであれば、それを中心に集めるのか、という感じですよね。ある意味では、そういうブランドのほうが流行をつくっていると言えますからね。

石関：一般に流行しているものを集めていれば、例えば10年後に、2015年の若い女性はこういうスタイルでした、と言えますよね。

蘆田：意地悪な意見になってしまうのですが、KCIが作成している年表でも、「2000年代に入ってファストファッションが流行した」というようなことが書かれていますよね。でも、年表には書いてあるのにKCIにはH&Mの服もFOREVER 21の服もありませんよね。となると、書かれた歴史と展示が一致しなくなってしまいます。H&Mみたいなブランドが流行したと書いてあるのに、モノでは見せられない。「それって本当にモノ寄りと言えるのか」とも思ってしまいます。

石関：それで言うと、結局18-19世紀も上流階級のごく一部の人の流行しか集められていません。「一般の人たちはなにを着ていたのか」というのはよく聞かれる質問なのですが、それに関する資料も見せるものもなく、僕ら自身もあまり知識がないと言わざるをえません。そう考えると、過去もいまも同じ状態なのかな、と。

蘆田：そうすると、なんのためにファッションをアーカイブするのか、そこが重要になってくると思います。南目さんは収集の基準についてどのようにお考えですか。

南目：さきほどの距離感の話なんですけれど、石見美術館・青森県立美術館・静岡県立美術館の三館で共同企画した『美少女の美術史』展に、私が子どもの頃に集めていた雑誌の付録が出品されていたんですよ。80年代の雑誌の『りぼん』とか『なかよし』の付録が、美少女の歴史を振り返るときに必要なものとして展示されていました。展覧会という枠組みの中に置かれた作品として、過去につくられたモノだからでしょうか、今と切り離して見ることができるわけです。ファッションの領域に置き換えて考えた時に、まさにいまのモノをどう扱うかについては私も悩んでいます。現代美術の作品とはまた違うんですよね。

蘆田：どういう風に違うのですか。

南目：美術館のもつ展示空間自体がすごく厳しい場所だなといつも思うんです。「ファストファッションが流行りました」という事象を、展示で示す場合、ノイズなしにモノを見られるようにつくられたホワイトキューブという空間に、いわゆるファストファッションを展示しても、モノとして弱いような気がしてしまって。これは「展示映え」の話ともつながるかもしれませんが、「アート」を展示することを前提につくられたホワイトキューブにそうしたモノを展示することに対して違和感を持つんです。少し前のモノだったら問題ないのに、なぜいまのモノは難しいのか。

蘆田：そう考えると、KCIは「研究財団」という名前ですし、展示をまったく想定しないという選択肢も出てくるのでしょうか。例えば大宅壮一文庫のように。そうすれば、H&Mも別に展示する必要はないので、「これも資料として必要だよね」とニュートラルに考えられるかもしれません。

石関：ある種のリソースセンターになるという話ですよね。大宅壮一文庫はリソースの種類が非常に独特だからこそ存続できるし、そこでないと見られないものがあるからこそ、一定数の人が行くようになっている。つまり、他との差別化ができていると思うんです。一方、KCIが展示などの公開活動をせず、収集の幅を広げて網羅的なリソースセンターになってしまうと、発信力そのものがなくなってしまうでしょう。興味がある人に対しては有用だけれども、興味を持つ人をつくり出すには向いていない。この件について個人的には、先ほど南目さんがされた博物館実習生の話が非常に示唆的と感じています。石見には大学生以上がいないからと言っていましたが、高校生以下の人たちが美術館に行く機会、あるいはいろいろな服に触れる機会をつくっていくことは、これからの世代の中で服に興味を持つ人たちをつくっていくためにすごく大事なことです。そこは美術館のミッションとして持ち続けていくべきだと思うし、またKCIもそういったところをミッションとして掲げていきたい。KCI設立時は洋装文化の啓蒙が目的だったと言いましたけれども、洋服という文化の奥深さをみんなに知ってもらおうという気概はすごく強かったんですよ。それが広まっていけば、日本のファッション産業、さらには個々人の衣生活がもっと豊かなものになるだろうという思いが設立者の塚本幸一にはありました。いまでもその気持ちは重要だと思います。

水野：「通時的 - 共時的」、「ありふれている - 極端」の四象限で考えると、従来のファッションは「共時的で極端」な表現として考えられますよね。それをなんとかコレクションにしてきたけれども、それが拡張されてH&Mのような「共時的でありふれている」表現としてのファストファッションも出てきた。そんな中でファッションを通時的に収集する伝統のみならず、素早く反応することもわれわれには必要なのではないかという思いが出てきているのは、情報環境と密接に暮らすなかでも非常に興味深いです。

南目：ファインアートの美術館だと、古い時代を扱う美術館、現代を扱う美術館という区別がありますよね。そして、作品の扱い方も展

覧会のつくり方も全く違う。そう考えると、ファッションを扱う美術館で、現代ファッションに特化したところがあってもよいかもしれません。

石関：18世紀のものをちゃんと語ろうと思ったら18世紀の社会を知らなければいけません。その時代に対する社会的な側面や文化的な側面も考える必要がある。知識をしっかり持ち、それをもとに作品の良し悪しや、保存すべきかどうかのジャッジをするべきだと思いますが、現代の作品はまたちょっと違う目線も入ってくるから難しい。

水野：コンテクストが生成中なので、自分がキュレーターとして取捨選択をうまくしないといけない。そのうえで展覧会をしたりアーカイブを構築したりすることになると、仕事としてより創造的になるけれども、同時にハードルも上がっていきますね。

石関：そういうことです。また、展覧会をベースにすると、公平に集めるというよりは、「この企画に合いそうだからこの作品を買う」ということになり、10年後に振り返って見られたときに「あの時代の収集の仕方って偏っているよね」という可能性も出てきてしまう。

南目：展示が前提だとどうしてもそうなる可能性がありますよね。私も、現代美術を扱う美術館にいる人はハードルの高い仕事をしているところもあるのかなと思って見ています。展示して、見てもらう、そうした作業が、そのコンテクスト生成に直に関わるということを、キュレーターは自覚しているのでしょう。それに比べるとファッションはこれからですね。

石関：過去の衣装と現代ファッションとを比較すると、情報の得方がまったく違うというのもありますよね。現代だとデザイナーが生きているのでデザイナーとの対話も重要になります。そうしたヒアリングの上で、デザイナーの考えがこちらの基準に合うか合わないか、もしくはその作品がデザイナーの発言とどれだけ近いかを考えながら見たりしますが、歴史衣装を収集するときにはそういうことはで

きません。それによってセレクションの仕方も全く変わってしまう。それを全部、「ファッション」というくくりで大きくまとめてしまっている状況です。

海外と日本の考え方の違い

蘆田：いまの展示の話、あるいは収集の話でもよいのですが、海外と日本で美術館の考え方や意識の違いを感じることはありますか。例えば、さっき石関さんが洋装文化という言葉を使っていましたが、海外にはその概念はもちろんないですよね。さまざまなレベルで、ファッションのアーカイブに対する違いがあると想像されるのですが、いかがでしょうか。

石関：大きく言うと、欧米の美術館は自分たちの文化をしっかりと歴史化し、それを継続してつくっていこうという意志を感じます。つまり、自国の文化を収集対象のひとつの軸にしているように思います。メトロポリタン美術館にしても、アメリカンファッションというものを考えているし、アメリカのアイデンティティを探ろうとする展覧会が多いと思います。パリはパリで、自分が中心だという意識にまったくぶれがない。ヴィクトリア・アンド・アルバート美術館もパリのブランドや流行に目配せはするけれども、やっぱり収蔵品の傾向として自国文化を大切にしようとしている。

南目：KCIにはそういう意識はあるのですか。

石関：そういう意味では、1994年の「モードのジャポニスム」展や最近開催した「Future Beauty」展などは、日本のファッション、もっと大仰に言うと日本の美意識が国内だけではなくて他国の文化に影響を与えるほど独自性の強いものだと主張しているという側面では、欧米の美術館の態度に近いとも言えます。ただ、国内向けに日本のアイデンティ

ティを問いかけることをしているとは言えないことは課題ですね。やっぱり洋服という移植された文化なので、「これが日本のアイデンティティだ」と言ってしまうと問題がないわけでもありません。

蘆田：いまの話を聞いて思ったのですが、欧米に対する日本という構図とパラレルなものとして、東京に対する地方という構図もありますよね。例えばさっき南目さんが「地方の公立美術館は地域ゆかりというキーワードも重要だ」と言っていましたよね。ファッションに関しても、島根県あるいは山陰地方のファッションについて考えることはありますか。

南目：私たちの地域に、染めや織りなどの伝統技術としてどのようなものがあったのかをきちんと調べて保存することは今後の課題だとは思っています。

蘆田：そう考えると、ホワイトキューブを基本としている現代の美術館にファッションが入るのはなかなか難しい無茶振りだと思う一方で、ファッション美術館を全国につくることは難しいので一般の美術館でファッションをアーカイブしていくことの意義はやはりあるということですね。きっと公立美術館はどの都道府県にもありますよね。そういった美術館がいわゆるファインアートだけではなくて、その土地のファッション史を集めて検討していくことはおそらく意義があるのでしょう。

南目：そういったものは美術館ではなく歴史博物館などに入っていると思います。

美術館と博物館

石関：日本では博物館と美術館をしっかりと分けてしまって、それぞ

れの収集対象を住み分けようとしている。そこがまたややこしくなっている原因のひとつだと思います。

蘆田：ルーブル美術館でもメトロポリタン美術館でも、日本だったら博物館に置かれるであろう収蔵品がかなりありますよね。

水野：それは多分グローバルスタンダードな話だと思う。さっきの蘆田君の話はローカルで地域特色型な話だけど、他方では東京みたいな大都市でそこの頂点に立つものが「日本とはこういうものだよ」というような価値観を押し出す。さらにその上にいくとグローバルスタンダードというか、世界中どこにいっても同じようなものがミュージアムで展示されている。その両者はそれぞれ価値が違うわけですよね。ファッションはその階層が示されやすいのだと思いますけれども、下の方にいけばいくほど郷土資料のようなものが増え、上の方にいくといわゆるハイファッションがメインとなって、ある種の分断が起きてしまう。どこかでうまくつなぎ留めることが必要になるように思います。

南目：そういうことを言われると石見美術館はまだまだ可能性があるように感じますね。

蘆田：ハイファッションだけ集めるという行為は、ファッションが専門ではない人たちからすると不思議だと思うんですよね。私たちは皆服を着るけれども、KCIで集めているような服を着る人は本当にごく一部でしかない。

水野：価値基準が多様化してきているのと同時に、ウェブによって顕在化しやすくなっているように感じます。かつてもあったかもしれないけれども、それほど目立っていなかったものがいまでは目立つようになっている。そういうなかで、KCIはこれまで通り専門家路線で走る、一方で石見美術館はそれだけでなく地域の子どももターゲットにする、そういうことがあると多様性が出てきておもしろいのかな、と思います。全体としてみたときに、全員が専門家を目指す

のは難しいので、もうちょっと広く服飾文化に触れてもらえるというのもいいかな、と。

石関：どこかに西洋の歴史衣装を収蔵しているところもあれば、コンテンポラリーなものを収集しているところがあってもよい。そのような住み分けであれば、日本国内におけるファッション・アーカイブのダイバーシティという視点で考えるとありかなと思います。ただその場合気を付けないといけないのは、それぞれが独立して終わるのではなく、有機的に結びつくこと。場所的にもロンドンでヴィクトリア・アンド・アルバート美術館の横に自然史博物館があるように、歴史的な衣装の展示を見た後で隣の美術館に行ったらコンテンポラリーなものがあるというような感じになるとよいですね。

蘆田：とはいえ、お金のない日本がそういったハコをこれからつくるのは難しいので、例えばKCIはハイファッションの服はモノで集めて、流行品に関しては、昔のファッションプレートを集めるように写真で残していくということも可能かもしれません。これからはデジタルアーカイブがもっと便利になっていくと思うので、KCIが定点観測のようなことをやって、それを写真に残すようなことをしてもよいかもしれないですね。

石関：定点観測的なことだと、例えば『アクロス』のように大量かつ長期的なアーカイビングを実践しているところがある。いまからKCIが同じようなことをやってもちょっと遅いとも思います。

情報の価値

水野：買い取るのもいいかもしれませんね。営利目的の企業がやっている活動だと、それがいつ消えるかわからないという不安があります。データを持っているところが公的機関や第三者的な客観的な立場に

なっていない限りは、集めた情報が消える可能性があります。そういう意味で、アーカイブを公的機関や、ビジネスに直接関係ない組織が引き受けることを考えることもこれから必要になってくるのではないでしょうか。

蘆田：まさにいま美術出版社のことが話題になっていますよね。美術出版社は未公開の貴重な資料を持っているはずなので、それが勝手に処分されてしまうとまずい、と。公的なものでなければ、資産価値の有無で分類されてしまう可能性がある。例えばパルコが潰れたとして、『アクロス』が持っている定点観測のデータはお金にならないから残しても仕方がないと判断されてしまう可能性もなくはないですよね。

石関：そうなったときにKCIや他の美術館がその種の活動を継続したり受け皿になったりするというのは必要だと思います。そのためにもきちんと体力をつけなくてはならないことも課題ですね。KCIも一企業にサポートされているので、KCI自体がなくなるという可能性もゼロではありませんが。その場合には石見美術館のような公立の組織にお願いします（笑）。

南目：個人的にはやはり国が持ったほうがよいと思いますけどね。

石関：国にそうしてほしいと主張すると同時に、私たち自身の活動も残すべきだと国に判断されるようなかたちで実績を残してアピールしていかないといけませんね。きちんとノウハウも蓄積して、国に引き取ってもらえるのならそのノウハウごとちゃんと渡して、今後の方針も提示できるようにすることが大事だと思います。

石関亮（いしせき・まこと）
京都服飾文化研究財団キュレーター。京都大学大学院人間・環境学研究科修士課程修了。2001年より京都服飾文化研究財団に所属。2014年に京都国立近代美術館で開催した「Future Beauty 日本ファッション：不連続の連続」展等の企画に携わる。

南目美輝（なんもく・みき）
島根県立石見美術館専門学芸員。1999年より島根県立石見美術館の開設準備に関わり、2005年より学芸員として同美術館に勤務。現在「こどもとファッション」をテーマとした展覧会を準備中。

収録：2015年3月19日
編集協力：松吉美紀

i interview
ドミニク・チェン

ハコとネットのちがい —— いじり倒せるアーカイブとは？

水野：今号の『vanitas』は「アーカイブの創造性」という特集を組んでいます。今回、情報環境の研究者であり、クリエイティブ・コモンズに関する活動もなさっているドミニクさんにお話をうかがいたいのは、『インターネットを生命化する』や『フリーカルチャーをつくるためのガイドブック』にあるような、「時間と共に成長し、その経過が記録される」プロクロノロジカルなアーカイブの利活用についてです。ただ単に、物質的につくられた衣服を収集・収蔵することだけではなく、それをどのように使っていくことができるのかまでお話をうかがえればと思います。「国立デザイン美術館をつくる会」のような最近の潮流 ——「ただ単に展示をするという文化装置ではだめだ」との三宅一生さんの発言 —— を踏まえてみても、「現在」にこだわり過ぎて「過去」を健忘症的に忘却することがリスクであるのは自明です。それをしっかりアーカイブとすることへの足がかりにできればという目論見もあります。

　そこでまず端緒としてうかがいたいのは、ドミニクさんにとって博物館や美術館とインターネット上のアーカイブはそもそもなにが違うのかということです。実空間での収蔵装置と情報空間上でのインターネット・アーカイブの違いとは、どのようなものなのでしょうか。

ドミニク：10年前、NTTインターコミュニケーション・センター（ICC）に就職をしまして、インターネット・アーカイブHIVE[1]担当者になりました。館内の諸々の活動を記録した、世に出ていなかった数千時間分のテープが貯蔵されていたのですが、それを編纂する人もいないということで、アーキビストの役割で動いていました。ICCの場合、扱う作品がデジタルとフィジカルのあいだ —— 最近の田中浩也さんの言葉でいうと「フィジタル」でしょうか —— に位置するものが多く、両者の境界線が強く意識されていました。物理的な彫刻であったり、

ハードウェアであったりすればまだよいのですが、空間そのものに投影するタイプのインスタレーションであれば、本質的にアーカイブすることは不可能です。だからあくまで「近似値の解像度」をどれだけ高められるかということが目指されます。完全なアーカイブは不可能ですから、であればそのエッセンスをどのように抽出するかが志向されます。2015年現在であれば、いまあるテクノロジーを使って「どこまでいけるか」を再考しているところだと思いますが、2004年当時はYouTubeはもちろん、Vimeoもまだ存在しなかった。インターネット上という「誰もが見られるところ」で動画を上げることが考えられていたので、自分でサーバを立てて配信していく、ということをやったわけです。一事が万事そういう感じだったので、印象として、アーカイブは技術的背景にとても左右されるものなのだな、という認識を持っていました。

　博物館、すなわちハコとネットの違いは当然存在します。ハコが100％のもので、ネットがそれに近づくための50％のもの、つまり不完全なものという見立てを2004年には持っていました。しかし現在では両者を「補完し合うもの」として捉えています。ハコにおけるモノ、すなわち現物 —— ファッションだと例えば服そのもの —— には「スケーラビリティ」がない、という言い方を僕はよくします。スケーラビリティの不在とはつまり、より多くの人にアクセスされづらい、ということです。もちろんガラスケースに展示しても、何万人も来場することはありえるのですが、作品にアクセスするという行為は、本当は触ったりいじったりして深く探れることであり、人々のクリエイティビティを刺激するものなんですよね。そのためにはパタンナーやデザイナーの人たちが展示物をいじり倒せるというのが、アーカイブの必要条件だと思うんです。それはファッションに限らず、どんな分野でも同様です。映像アーカイブと謳っているのであれば、そのソースコードをいじれるようにしたりとか。ICCにいた頃は、いまほど考えが深まっていなかったのですが、やはり「いじってもらいたい」という考えがありました。そのため、ソースファイルをすべてクリエイティブ・コモンズ・ライセンスを付けて配信するというところに主に腐心していました。ただ一方的に見せるのではなくて、見せたものからなにかが生まれ

ることを目指しました。

　冒頭で水野さんにプロクロノロジカルという言葉に言及していただきましたが、僕のなかでその意味は単純に「生きている」ということだと思っています。それは「死んでいる」ものとの対比です。一方的に見せつけ、情報を受容して「ああ、すごかった」で終わるような情報コミュニケーションのあり方は、僕は「死んでいる」もしくは「生まれていない」と表現します。なぜなら、発信した情報がさらに新しい芽を産んで、また別のものが生まれるという効果 ── もちろん従来の展示方法や博物館でも当然そういう効果は期待できますが ── が、最大化されていないからです。理想を言えば、本来は皆がいじり倒せるような状況にしてあるべきで、そうすればもっとインスピレーションを与えることができる。したがってハコの重要性、言い換えれば物理的な身体でなにかを感じられる価値は、一周して現在すごく高まっていると思います。けれどもそういった趨勢を真に受けてネットのほうを「身体性がない」として捨てるのではなくて、補完する、もしくは独自のインスピレーションの源泉として捉えるという方向性がありうると思います。その基本的な構造としては、モノとしての体験は有限なんだけれども、データにネットでアクセスできて、それが改変可能なかたちで公開されている、という状態。一言で言うと、「鑑賞者が介入できるかたちとはなにか」を考えるのが次世代のアーキビストの仕事なのではないかと思います。

水野：初めはハコを補完するものとして、情報空間でのアーカイブがあったのだけれども、それが一方的なものから双方向になるにつれて、アーカイブの利用者にとってのエンゲージメントの高まりが必要になってきた。それを可能にするような技術が背景にあったので、GitHub[2]みたいにコードを使って自分で改変して使う、ということが可能になった。つまり、創造性を支援するプラットフォームとしてネット環境が出てきた。それが一周して物理的な環境に戻ってきたときに、博物館みたいなものを見てみると、ガラスケースに入っていて「触れられず、ただ見るだけ」のものであった。運良く触れるアーカイブがあったとしても手袋をして、チラチラと見るくらいなのであって、分解して型紙を引くとかじっくり触るという体験がいまの段階で

は博物館には存在しない。そのような、創造性支援という意味で重要な役割を果たすはずのアーカイブが、もっと身体的なものとして使えるとよい、というのがいまのお話だったかと思います。

蘆田：博物館的な保存・アーカイブの在り方はモノの劣化をすごく気にします。一方でデジタルの場合は、情報は基本的には劣化しないものですよね。それを踏まえると、美術館や博物館（以下、ミュージアム）で「いじり倒す」というのはなかなかできません。となると、ドミニクさんが考える次世代のアーキビストの役割は、ミュージアムとしては難しいのかなと思います。だからこそ、ドミニクさんが関心を持っているのが、インターネットだったりデジタルなものだったりするのかもしれません。そのうえでお聞きしたいのですが、ミュージアムは誰かにインスピレーションを与えたり、そこからなにかが生まれるようなものでなければいけないとお考えなのでしょうか。もしくはミュージアムではそれができないからこそ、デジタルなものを使って「いじり倒す」ことを可能にするべきなのでしょうか。

ドミニク：まずお話を聞いていて思ったのは、アートの文脈とファッションやデザインの文脈は若干違うのかな、ということです。ICCの場合は一見すると先端的な感じがするのだけど、収蔵されている作品はあくまでも一点物なので、じつは作品崇拝という側面がある。ただ、キュレーターの考え方とアーティストの考え方のあいだでもゆらぎがあって、アーティストによっては「オリジナルなんてない。ぜんぶコピーだ」と言う人もいる。その意味では僕はアートのアーカイブよりも、工業製品、つまり複製可能なもののアーカイブのほうが断然面白い可能性があると思っています。なぜなら、変に宗教的なもので守られていないから。そう考えると、僕個人としてはモノの保存ではなく、コトが起こることにより関心が高まっていると思います。世にインパクトを与えたものは、自然淘汰の原理が働いて、残そうと思わなくても残ると思うんです。そこまで言ってしまうと物理的なアーカイブを頑張っている人たちから批判を受けるかもしれませんが、だからこそデジタルなアーカイブで「保管」を補完する発想が必要なのではないか。そうした努力も含めて、残されるべきものは自然に残

るのではないか。だから、デジタルであろうと物理的存在であろうと、属人的なパッションが多くのものを救える場合があるとも同時に思っています。

　僕が興味があるのは、「なにかが生まれたこと」ではなく、「生まれたものがどのように他の生み出すものに関係していくのか」です。つまり、改変と継承ですね。名作とされるひとつの衣服があったとして、それにインスパイアされて次世代の若手が新しいものをつくるというネットワークも含めて、面白い現象なのだと思います。ただ、そういったものを生み出すのは、従来のアーカイブの目的ではないのかもしれません。以前僕は「Ｃシャツ」というプロジェクトをやっていました。例えば水野さんがウェブブラウザ上で絵を描いたとして、それをポチると3日後に家に届く。と同時に、その人のデザインをGitHub的にフォーク[3]／リミックスすることもできる。すると作品には水野大二郎とドミニク・チェンが自動的にクレジットされる。あれはまさにGitHub的な発想だったんです。現在では「UTme!」というサービスがありますね。僕も会社のロゴTシャツを電車のなかでスマホからつくったり、日常的に利用しています。

水野：いま「Ｃシャツ」と「UTme!」の話が出ましたが、「UTme!」はコモンズとして利活用できるものではありませんね。

ドミニク：残念ながら、そこまではいってません。ただしスマホでできるところまでテクノロジーが来ているという側面は素晴らしいと思っています。とはいえ、どれほど利用されているかのデータがないのでわかりませんが、社会全体からすればマニアックなアプリなんだろうと思います。1,000万人が使うようなものではない。

水野：いずれにせよ「Ｃシャツ」と「UTme!」の違いとして興味深いのは、「Ｃシャツ」は継承と発展のための仕組みを提供していることです。クリエイティブ・コモンズを利用して継承していくということ自体がアーカイブにもなっている。一方で、両者に共通する点として興味深いのは、つくればつくった分だけアーカイブが自動的に膨大に増えることです。それらを踏まえると、今後インターネット環境を前提とし

たものづくりが加速していくなかで、取捨選択をせずに、あるものを
ひたすら積み重ねていくようなビッグデータがアーカイブになってい
くのかなとも思います。その際、アーキビストはいったいなにを価値と
して全体をつくっていけばよいでしょうか。

ケーススタディ:営利企業と文化的発展の関係について

ドミニク:現在「アーキビスト」という言葉のなかに、いわゆるアー
キビストのイメージと、Yahoo!やPinterestなどのサービス事業者を
も含められるようになっているのではないかと考えています。自分
の頭のなかでその両者ががごっちゃになっていて、ひとつのイメー
ジに結像できずにいます。論点になっているのは「デジタルの鍵はな
にか」というところですよね。IT側の話で言うと、YouTubeが2011年
にクリエイティブ・コモンズ・ライセンスに対応して、ユーザーが投
稿する映像にクリエイティブ・コモンズ・ライセンスをつけられるよう
にした。同時にアルジャジーラなどもそれをつけて、二次利用やリミッ
クスを促そうとしている。YouTubeのような営利企業がどうしてそん
なことをするのかと問うてみると、ユーザーコミュニティ全体の
アクティビティを増やしたいのだと推測できます。ユーザー同士が
リミックスし合えば、まさにエンゲージメントが高まる。その発想が、
YouTubeというひとつの営利企業の目的にすべて収斂してしまうの
か、もしくは結果的に文化全体を活性化することに繋がるのかは現
時点ではジャッジが難しい。いまは両方が含まれているのではない
か。ただ、ヨーロッパ連合がGoogleに対抗して「Europeana」という
アーカイブを頑張ってつくっているのを見ると、「一企業が文化のこ
とを大事にすると言っていても信用ならん」という気持ちは正直あり
ます。僕自身、会社をやっている身としてもそのような大きなことは
目指せるとしても、約束できない。株式会社というのはそういう構造

にはなっていない。営利企業と文化事業のあいだの関係性は、極めてアクチュアルな問題です。

　一例として「Google Books」という、世界でも有数の野心的なプロジェクトがありますね。イタリアの法王庁が管轄しているような図書館にまでGoogleのエンジニアがいって、全世界の図書館をスキャンしようとしている。本はわかりやすい人類の叡智の集大成なわけですが、それをビジネスにしようとしたところ、世界中の反発にあい、あえなく陥落したわけです。2005年にアメリカで集団訴訟を受けた。これを受けて多くの反響が起こりました。そのひとつが「Europeana」なんですね。当時のフランスとドイツの政権が「Googleにヨーロッパの文化を吸い上げられたらかなわん」と言って独自でやり始めた。これは欧州全体で2000以上の美術館やギャラリーといった文化施設の収蔵作品のデジタル化を促進して、すべてを横断検索できるわけです。例えば「Gogh」と検索すると、ヨーロッパ中の美術館が収蔵しているゴッホの絵画から直筆の手紙まで、数百点が一覧できる。とはいえ、「Europeana」はただのポータルであって、「アーカイブ自体はそれぞれの館が頑張ってね」ということになっている。そこが彼らの構造的な限界です。つまりインタフェースがバラバラなのでユーザーの視点からすると使いづらいのです。そこは徐々に改善されていくのかな、と構えていたら、今度は Google が「Google Cultural Institute」というプロジェクトをやり始めた。そのなかから、超高精細スキャンによって、ものすごい解像度までブラウザ上で絵画作品にズームできる「Google Art Project」にもアクセスできます。しかもこれはインタフェースが美しく、スマホでも使いやすい。これと比べると、「Europeana」は使われないよな、と思います。その時点で勝負が決まってしまっているのが現代の文化状況だと思います。

　だから、こういうUX/UIがイケてるものをいかに行政やNPO、学術研究機関がつくれるのかが重要になってきているのではないでしょうか。SEOの最適化も「Google Cultural Institute」はバッチリやれている。だから「Europeana」より検索にかかりやすい。せっかく頑張ってネットワークをつくっても、長期的な戦いで見たら「Europeana」のような公的な文化事業のほうが分が悪い。これは大問題です。僕は

Googleを礼賛したいわけではまったくありません。むしろ、どのようにしたら大学や省庁からこういったものがつくれるかを考えたいのです。それは不可能ではないと思います。ひとつには、インタフェースデザインのノウハウだけでなく、オープンソースでのCSSのフレームワークといったUX/UIのオープンなライブラリも成熟してきていて、デザインができなくてもそうしたリソースを利用することができるからです。また、スマホネイティブ・アプリの操作感というものが重要なのですが、そこに関するプロトタイピングやプログラミング技術もだんだんと上から下に降りてくるようになってきています。だからそこはあまり悲観していない。あとは行政や学術の世界の人たちが、どのようにしてスケーラビリティ ── これは今日の話のテーマになっていますが ── を確保できるか。より多くの人に触ってもらう意識をどれだけ持てるか。一部の人たちだけに特化することから始めるスケーラビリティもありますが、それには時間もかかる。だから必要なのは、おもてなしのデザインと言えます。サービスとアーカイブが同じ地平で評価されてしまうから。

水野：アーキビストが営利目的と文化全体の活性化の複合的な役割をになっているということですね。そしてこの問題は、アーキビストがどのようなキュレーションをするかに関わってくるのだろうと思います。キュレーションのなかには「アーカイブのデザインをどうするか」という話もあります。「Europeana」と「Google Cultural Institute」を比較したときに、後者のほうが明らかにデザインがよくできているためアクセシビリティが高く、検索に最適化され情報が集めやすいため、より多くの人に使われる。その結果前者が使われなくなれば、「Europeana」の目論見は本末転倒かもしれないですね。

ドミニク：まさにキュレーションという言葉が、リアルとネットを繋げる言葉かもしれません。実空間での展示のキュレーションの良し悪しも、キュレーターの腕によって左右されますが、それと同様の事象がネットでも生じているという言い方もできます。アルゴリズムも含めて、インタフェースそれ自体が展示会場なわけです。特集ページの扱いなどを見ても、「Google Cultural Institute」は人為的な

キュレーションとアルゴリズムによるキュレーションの両面から確実にやってきているのがわかります。これと好対照をなすのがAmazonです。彼らの社是は「地球上で最も安く、欲しいものがなんでも手に入る企業」です。会社よりも大きなところにビジョンを置くのが本当の起業家だ、とSONYの盛田昭夫さんの言葉をジェフ・ベゾスが引用しているように、それはもはや一企業や一カ国の文化行政のスコープを超えています。Amazonは手段を問わず —— 出版社やメーカーに対する高圧的な交渉などが問題を引き起こしています —— 、社是に邁進しているため危険な部分も含んでいます。とはいえAmazonをアーカイブという観点から見てみると、絶版本や古書店ネットワークとしてのマーケットプレイスが充実している点も見逃せません。本の流通にも、ある種のアーカイブ機能があると言えます。例えば40年前の本を探して、手にとって読みたい場合。PDFやEPUB[4]が存在しない場合、もしくは存在しているとしてもいじり倒すために現物を買いたい場合、そういう機会を文化行政ではなくAmazonが独占しはじめている状況の危険性は、一考の価値がある問題かと思います。

トータルな体験としてのモノをどのように保存するか？

ドミニク：1900年前に羊皮紙の上にラテン語で書かれた原書とマテリアルに対峙することと、OCR[5]されたバージョンをkindle上のプレーンな書体で読むことは、体験としては大きく異なっていると僕は考えます。情報というものを純化・抽出して脳に「インストール」できるということを僕は信じていません。読書やコミュニケーションというものは物理的な身体というインタフェースを介して行なわれるトータルな体験だからです。そういう意味ではモノに興味がないということはまったくありません。その意味で物理的な保存はきわ

めて大事なことなのだけれど、しかしながらすべてを保存することもまた物理的に不可能です。そのためモノを保存することにこだわってデジタル化が進まない、というのは本末転倒だとも思います。両者をどのように繋ぐかを考えていかなければなりません。そのためにデジタルな世界で物理的なものを補完するのが現状では最適解なのではないでしょうか。

蘆田：本は言語情報が具現化したものですよね。それに近いものをファッションにも認めることができるように思います。例えば型紙はどんな紙でつくられたものであれ、データであれ、機能は変わりません。しかしその情報が服として具現化したときに、さまざまな違いが出てきます。そう考えると、型紙を残すことと言語情報を残すことがパラレルであり、「本」と「服」もまた同じ関係性にあると言うこともできます。であれば、型紙という情報が残っていれば、マテリアルとしての服を再現することもできる。それでもやっぱりモノが必要なのではないか、と僕は思ってしまうのです。

ドミニク：まさにその通りですね。それは情報量がリッチだからですよね。本質は文字情報だからそれ以外は不要というGoogleのスタンスは、その意味でまったくロマンチストではなく、むしろ徹底して効率主義者なのだと言えます。そこに僕は反発を覚えます。デジタル情報だけではないだろう、と。

水野：情報のリッチさを前提としたとき、GoogleやAmazonは批判対象となりえるということですね。それは言い換えれば「経験の解像度の高さ」なのかもしれません。

ドミニク：マテリアルな情報や質感・文脈などが「余剰」として捨象されてしまうような情報環境は貧しいと思います。それを認めつつも、情報の側でできることと、物質の側でできることを調停していかないといけない。

蘆田：ウェブでのアーカイブを考えたときに、できそうもないことの

ひとつとして、テクスチャーの再現というのがあるかと思います。テクスチャーというのは非常に重要で、好まれるテクスチャーは時代によって異なってきますよね。例えば1990年代くらいまでの家具は、プラスチックや樹脂のツルツル・ピカピカなテクスチャーが流行っていたように思いますし、金属素材でも光沢のあるものが多くありました。現在では金属であってもザラっとした質感のものが増えてきましたし、雑誌も昔は光沢紙が多かったけれども、新しい雑誌はマットな紙を使うことが多くなっている。ファッションでも、バブルの頃のジュリアナ東京に代表されるポリエステルの光沢素材から、リネンなどのナチュラルな感じへと移り変わっています。

AppleのRetinaを見てもわかるように、ディスプレイというのはなめらかな感じを出す方向に向かっているように思います。そうしたディスプレイ環境を前提としたときに、どれだけ拡大・ズームできたとしても服の質感は伝わらないのではないでしょうか。例えば多くの人がファストファッションのペラペラの生地を気にせず買うという心性には、そういった原因があるような気もします。画面で見ればどれも変わらないから、どれでもいいや、というようなことです。そうしたテクスチャーの問題は現在どのような状況にあるのでしょうか。

ドミニク：『情報を生み出す触覚の知性』の著者である渡邊淳司さんは、触覚インタフェースをつくっています。iPhoneなどの情報端末のうえで文字を表示したときに、それに触れることができ、触覚的なフィードバックが返ってくる。あるいは、触覚の譜面を整体師と一緒につくっています。聴覚には音符があり、味覚には料理のような時間的なシークエンスがある。しかし触覚というのは、それに相当するような記録の形式がありません。それを譜面というかたちで表わそうとされているのだと思います。

水野：MITでもタンジブル・ユーザーインタフェースに関する研究がされていますよね。日本ではハプティックに関する観点からも研究対象になっていると思いますが、この研究領域をアーカイブにまで昇華させようとしている人たちがどの程度、どこにいるのかは興味深いですね。

ドミニク：方向性としてはやはりデジタルファブリケーションのようなかたちで、サンプルをダウンロードできるというのがありうるでしょうね。

蘆田：例えば布でも絵画でも、テクスチャーは解像度を上げていけば実体験に近づいていくんでしょうか。

ドミニク：油画の世界でも、筆跡を高精細に再現する絵の具を使ったプリンターが存在しますし、その他にもNEMSとMEMSという領域[6]がありますね。マイクロメートルレベルのデバイスを制御する。テーブルの表面がそれで覆われているとしたら、一瞬にしてテクスチャーを変更することができる。しかしまあ、ファッションにおいてはそういった技術よりも、FABのほうが手っ取り早いでしょうね。

ファッションとアーカイブ —— デジタルとフィジカルのあいだ

水野：ところで、先ほどの古い本を定価以上の値段でわざわざ買うというご指摘は、物理的なアーカイブの価値に通ずるお話かと思います。それは先ほど蘆田が指摘したような、劣化に関する問題が伴うと考えられます。ここからファッションに引きつけて考えてみると、アーカイブの作成において、今日のファッションは極めてライフスパンの短い工業製品であると言えます。一年間のあいだに大量の製品が出てきてしまう。その意味でファッションのアーカイブには、刹那的で大量に製造され、かつ劣化する「モノ」であることに課題が考えられます。これを「キュレーション」という観点から捉えてみたとき、ドミニクさんであればファッション特有のアーカイブをどのように設計されますか。

ドミニク：やはりデジタルファブリケーションというのはひとつのキーワードになりうると思います。こういった技術が、実質的には消え行く大量の衣服というものをいつでも「召喚」または「再生」するという感覚です。昔の特定のデザイナーの服をピンポイントに物理的に探しだすことは難しいわけですよね。書籍におけるISBNみたいな制度はファッションにはあるのでしょうか。

水野：ISBNのようなものがつくことはありませんね。

ドミニク：本はISBNという世界的な統一コードが存在するため、データベース化しやすく、結果的に探しやすいとは思うのですが、ファッションの場合はその点が脆弱ですね。したがって、デジタルデータを集めて、その都度つくるという補完の在り方がありうるように思います。逆にお聞きしたいのですが、デジタルファブリケーションによるファッションの現状というのはどのようなものなのでしょうか。シャツなどをデジタルデータとして取り込んでおいて、CNC[7]ミシンにデータを流すと服がつくられていく、というようなことは可能なのでしょうか。もちろん、素材や製法によって異なるとは思うのですが。

水野：ファッション分野で最も代表的なデータである「型紙」に限定すると、各企業がデジタルデータのアーカイブを保管・利活用している現状がまず挙げられます。また、世界的に見れば、一部の美術館がそれなりに収集・保存しています。日本ですと東レを中心に、アパレルCADと呼ばれるソフトウェアが開発されていまして、基本的にはベクターデータを用いて型紙を作成します。「Pattern Magic」というソフトが有名ですが、これを用いれば改変と継承も可能であり、S、M、Lといったサイズ展開や、パンツのワタリ幅を細めるといったこともできます。それ以外にも織り、編み、刺繍用のCNCマシンは存在します。しかし、作成されたデータがアーカイブとして機能し、公開・共有されているという話はほとんど聞いたことがありません。

ドミニク：それはなぜなのでしょうか。

水野：共有を前提としたアーカイブのデジタルデータを利活用していくことで産業全体がドライブするというIT系の文化と、ファッション系における流行に根ざした改変・継承の文化は、とても親和性が高いはずです。しかし、現実にはさまざまな齟齬があり、実現していません。IT系のイデオロギーと製造業のイデオロギーのあいだに文化的な衝突が生じている、もしくは単にファッション業界が出遅れている、と考えられます。型紙・織り・編み・刺繍・プリントのデータというのは存在するのですが、なかなか有効に共有されていません。

ドミニク：ひとつ参考になるかもしれないのが、建築におけるBIM（Building Information Modeling）です。株式会社エヌ・シー・エヌの今吉さんからいろいろと教わっているのですが、BIMはまさに、完全なる建築物のデジタルなアーカイブと言えるシステムです。アメリカを中心に、公共建築物の設計においてはBIMを出さないとダメだよ、という風潮になりつつある。なぜなら、長期的に運用されることが前提となっている公共性の高い建築物については、BIMを持っていないとメンテナンスコストが跳ね上がるためです。そういった経済的な理由がしっかりと伴っているため、BIMの利用が政府によっても促進されています。ネジや釘のレベルまですべてデータとして残されているわけです。これによって、まず施工の際に無駄な発注がなくなります。逆に驚いたのですが、従来は現場の人間の裁量でアバウトな発注がなされていたそうです。そのため、BIMを用いることで発注見積もりが安くなるのです。そして仮にリノベーションやメンテナンスをする場合にも、部材としてなにが用いられているかを何十年後であれデータから参照できてしまうわけです。

　この関係はWin-Winだなと思います。データ自体がどれだけオープンにされていくのかというアクセシビリティに関する課題がありうるにせよ、世界的な共通フォーマットとしてBIMが利用されているという現状にはアーカイブという側面からしても希望を感じられます。Autodeskが開発しているソフトウェア以外にも、オープンソースのソフトウェアでもBIMを利用することができます。そう考えると、「Pattern Magic」のようなソフトウェアやファッションにおけるデジタルファブリケーションにおいて、同様の動きは可能なのでは

ないでしょうか。

水野：マシンへのアクセシビリティという問題もあります。「Pattern Magic」を利活用するためにはPCやソフトのみならず、独自開発された原寸大で型紙をトレース・スキャンするためのマシンも必要となり、同様に東レが販売しています。専門学校や企業に在籍しているあいだは利用できるけれども、卒業もしくは退社してしまえばデータがあってもマシンを使うことができない問題が生じえます。

ドミニク：ファッションに特化したFabLabのような仕組みで、多くの人へと開かれた施設によって対応できるのではないでしょうか。

水野：ひとつの可能性として、多いにありえると思います。

蘆田：一方で、型紙はコピーをつくるための道具になりえてしまうという問題があります。企業がパターンを公開しないのは、それをしてしまうと他のブランドから同じものを出されてしまいうるためだとも考えられます。「パターンを抜く」という、あるブランドが他ブランドの商品を分解して同じようなものをつくるという事例もよくあります。そういった現状を踏まえたときに、パターンの公開はコピーを増長することに繋がるとファッションの人たちは考えているのかもしれません。

水野：そういったコピー行為が、産業全体のなかである程度許容されてきたという背景もあります。半年に一度強制的に変化するという前提があるため、昔のことをいちいち訴訟している時間がもったいないともいえる。しかし他方で最近は中国等での模倣に対する脅威が懸念されており、権利保護への揺り戻しもあります。そのため企業が型紙をおおっぴらに公開してくれるようになるのはなかなか難しい現状かもしれませんね。

ドミニク：公開することのメリットをデザインしてあげる必要があるのでしょうね。

水野：例えば、20世紀前半の古い作品の話ではありますが、マドレーヌ・ヴィオネの服の型紙を起こして分析し、公開した研究書があります。それが研究者や学生の大いなる助けになっているというのも事実です。一定期間を経たのち著作物をコモンズにすること、つまりパブリックドメイン化したものをまずは対象とすることは大いにありえます。

創造性のビッグデータは可能か —— 原型、差分、リ・ユーザビリティ

水野：ここまで利活用を前提に、その価値を問うような感じで話が進展してきましたが、次に、それを「誰に使ってもらうか」について伺っていきたいと思います。

ドミニク：まさにそこはポイントだと思っています。クリエイティブ・コモンズの話をする際によく尋ねられるのが、「万人にとっての創造性支援という話をしているが、万人はそんなにクリエイティブなことに興味がないのではないか」というものです。実際にそれはその通りだと思うのです。だから仮にいじくり倒せるファッション・アーカイブが一般公開されたとして、実際にそれを使おうとする人というのは1万人のうち10人くらいかもしれません。しかし、その結果その10人が「デザイナーになりたい」とか「私はああいうのをつくりたい」と思った場合、まさにそれは継承の種を植えられたと言ってもいい。その確率は1/1000かもしれないし、1/700になるかもしれない。それはスケーラビリティに関わることであって、ネットは実際のモノを見る体験に勝てないのは前提なのだけれど、ネットを通じてなにかしらクリエイティビティの種を受け取ることのできる確率が数パーセントでも上がったとしたら、それは文化全体へのインパクトとしてものすごいことだと僕は思います。学術界で言うと

ころのインパクト・ファクターみたいなものですよね。その相関図を厳密に記述するということに関しては――計量の可否も含めて――考えがまとまっていませんけれど、ともかく実際にそういうことを繰り返して、文化というものは新陳代謝を行なっているはずだと考えています。

水野：人々の創造力がどれほど支援されたのかを計量するのは非常に難しいことだと思いますし、それほど意味がないという議論もありうるでしょう。むしろ、それがあることがどういう意味を持つのかについて考えてみたいと思います。クリエイティブ・コモンズの話を前提にするのであれば、ほぼあらゆる人が創造的な生活者になりうる、ということになるでしょうし、一方でファッションに特化して考えるとすれば、デザイナー・製造業者・愛好家などさまざまな立場の人が存在します。彼らがアーカイブの利活用にあたって、共通のものを用いるのか、それとも立場によって異なるアーカイブを用いるのか。個人的にそこは興味深いポイントです。ドミニクさんは、多様な利用者を前提にしたアーカイブに関してはどのようにお考えですか。

ドミニク：先ほど創造性のビッグデータというお話が出ましたが、例えばFlickrというウェブサービスは象徴的です。あれはすでに10年ほど運用されていて、時間をかけて写真の創造的なアーカイブとなっています。2014年11月の段階でFlickr上のクリエイティブ・コモンズ・ライセンス付きの画像が3億枚以上あることが確認されています。僕は仕事で使うちょっとしたイメージなども日常的にFlickrで検索して二次利用しているのですが、5年前の段階とは明らかにリソース量が異なっている、と体感的にも思います。10年経って「発酵」したのだとも言えるでしょう。つまり、「使えるか、使えないか」のキャズムを超えたと言えます。そこまでもっていくには時間がかかりますが。現在、一般的に言われているビッグデータというのは、どちらかと言うと「勝手に集まるデータ」です。一回ごとのクリックやタップの記録が常に計測されているという世界です。それを踏まえて創造性のビッグデータを考えてみたときに、創造的な行為にそもそも携わる

人間がまず少ない。比喩として、漏斗の上部がビッグデータの扱う領域だとすれば、創造というのはその下部にあたり、それを勝手に計測することがなかなか難しい領域なのです。自主的にアップロードしたり、プロセスを公開する必要があるからです。

そのうえで、最もうまく機能している創造性のビッグデータとしては、Gitですね。プログラミングにおけるアーカイブです。プログラムを書く過程のなかにアーカイブ化の機能が編み込まれているのです。それを民間企業がウェブに持ってきたのがGitHubです。これはデファクトになりつつあって、世界中のプログラマがプロ・アマ問わず利用している。プロとアマチュアが同じシステム上で、ひとつのクリックだけで交流ができるというのは、とても革命的なことだと思います。そのうえで質問にお答えするなら、多様なシステムというよりは標準的なシステムのほうが可能性があると考えています。GitHubはGitというオープンソース技術の「ウワモノ」として存在してながら、Gitの本質的な価値が担保されている、もしくは昇華されているところが素晴らしいと思います。仮にこれがひとつの企業によるブラックボックス化された技術だったとしたら、危ういと言わざるをえない。少なくともリーナス・トーバルズ[8]の目が黒いうちは、Gitという源泉はオープンなままであり続けるでしょう。プログラミングというのは純粋に物理的な表象物がない世界のため、ものすごい速度で膨大な量のコードがぐるぐると回ってアーカイブされていきます。

水野：プロ・アマ問わずひとつの標準的なプラットフォームを設計することで、異なる立場のユーザーが集まり、交流できるということですね。

ドミニク：こちらから逆にお聞きしたいのが、家で編み物をしている人のような、アマチュアのファッションの領域の人たちと企業を結ぶようなコミュニティというのが考えられるのではないでしょうか。ただ、そのときに一社だけで頑張るというモデルではなくて、GitHub以前から脈々と続く「バージョン管理産業」のような在り方をアナロジーとすることはできるのではないでしょうか。こういったシステム

へのニーズはプログラミングの歴史が始まって以来伝統的なもので、GitHub以前のシステムではGUI[9]を持たないものだったのですが、GUIを導入したことで多くの人にとって利用可能なものとなり、例えばプログラマ以外の法律家や作家などにまで「スケール」したのです。そうしてGitHub上に契約書や原稿がアップされるといった状況が生まれているのです。

水野：ファッションに置き換えるにあたり、再び型紙を例としましょう。現在、企業それぞれにオリジナルの原型があるとは思いますが、これまで洋裁教育は「ドレメ式」とか「文化式」といった標準的原型となる型紙を前提に、無数の派生物をデザインしてきました。アマチュア層は販売されている「〜式」の原型を使って展開していますから、それがなんらかのかたちでプロとの架け橋になりうるとは思います。

ドミニク：なるほど。最大の違いはおそらく、Gitの世界が「リ・ユーザビリティ」を原理としていることだと思いました。無駄に新しいものはつくらない。プログラムの世界では、「車輪の再発明」は忌避されます。誰かが優れたものをつくっているのであれば、皆でその型に乗っかって新しい差分を追い求めようとする。他方で、ファッションの世界の場合はどんどん新しいものをつくって消費させる、つまり消費してこそ回る産業であると言えるでしょう。その意味で、もしかしたらリ・ユーザブルだと困るのかもしれませんね。

水野：とにかく「無限の差分」を生み出さないといけない、という意味では高いリ・ユーザビリティをつくるのは「原型」だけであって、派生形はとにかくたくさんなければならない。そのためファッションにおいては、GitHubで行なわれるようなアジャイルな集合知による協働とは、様相が異なるのかもしれません。

ドミニク：ファッションにおいてはアーカイブがあってしまっては困る、とさえ思う人がいてもおかしくありませんよね。無限の差分を生んでいる構造を詳らかにされてしまったら、リ・ユーザビリティが不要

であることがバレてしまう。

水野：たしかに、現在生じていることだけを見ればそれは問題となるでしょう。しかし他方で、1850年代のコスチュームなど、時間がだいぶ経過すると「派生物のひとつ」だったはずのデザインが「原型」として捉え直されるという現象もまたあります。もしかすると、企業やデザイナーとしては、作品を送り出した直後はあまり分析されたくないかもしれない。しかし、後世の人々にとってそれがひとつの原型として認識されうる可能性があるということです。この話は、無限の差分のなかからどのようにして画期的な原型、つまりリ・ユーザビリティの高いデザインを引き抜いて保管し、次なる創造に繋げていくかという問題へと接続するでしょう。

ドミニク：アーカイブというと文化公共的なものを思い浮かべがちですが、GitHubなどは組織内のナレッジ・マネジメントとしても非常に有用なんですよね。IAMAS（情報科学芸術大学院大学）で授業を受け持っているのですが、プログラミングができる人もそれ以外の学生も、とにかくGitHubを使って自分の活動を表現してください、という課題を出しました。ワークショップを卒業制作のために考えている人もいれば、バリバリのエンジニアも文章を書く人もいて、それぞれがGitHub上に差分のコメントをつけました。最後に講評会を設けたのですが、講評は成果物ではなくてひとつずつのプロセスを説明していくような形式にしました。そのときに、この仕組みを学校やカリキュラム全体にまで展開したらすごく面白いのではないかと考えました。4年前の先輩がある時期になにを考えていたかというプロセスが、GitHubを通して新入生によって見られるとしたらどうでしょう。「徹夜で頑張っているなあ」とか「アイデアの飛躍がここで見られるけど、これはなぜだろう」とかを、作者と会わなくても追体験ができる。先輩から後輩への創造性の継承を担保することもできるでしょう。

そう考えると、ファッションにおけるGit的なものを考えるにあたっては、ある企業や学校といった共同体のなかでのアーカイブを構想することが、ひとつの現実的な出発点かもしれません。「ドレメ式」とい

うのはどのように変遷してきたかがシステムとしてわかるとしたらどうでしょう。生き字引みたいな人が亡くなっても、情報の継承と改変が続いていく。それがまさに生きているアーカイブだと思います。だから言い直せば、パブリックなものでなくとも単一組織内のイノベーションがあれば、それは実は大きなことになると思います。

水野：まず、情報環境においてはリ・ユーザビリティが高いものが生き残って、それをベースに多くの人が組み立てていく。他方、ファッションにおいてはリ・ユーザビリティが高いものは原型や流行りものであって、そこからいかにたくさんの派生物を出すかが求められる。「良いもののうえに良いものを乗せる」ことよりも、「良いものからたくさんのものを出す」ことを繰り返すのがファッションであるということですね。

一方、「ドレメ式」や「文化式」などの原型において、どのように創造性が引き継がれていったかを追いかけることで非常に役立つアーカイブが生成しえる。そこでは創造的行為をある種の物語とし、そのプロセスを書き下ろすことも必要ではないかという気がします。ファッション・デザイナーのような人が、自ら言語化をしないと次に引き継げないという懸念も浮かびますね。

データベースを人間化するアーキビスト＝編集者

蘆田：キュレーションや取捨選択の議論と合わせて気になる点がひとつあります。Flickr上のデータが3億枚を超えてようやく使えるようになってきたとおっしゃっていましたが、僕が気になるのは、データベースなりアーカイブなりの適正な情報量です。ウェブ上では情報量が膨大に増大していくため情報の取捨選択をしなければ適正な量に落ち着

かないと思いますが、仮にFlickrがこれから30億枚、300億枚の写真を抱えるようになったとしたら、逆に自分が求めているものに辿り着かなくなってしまう可能性がありうるのではないでしょうか。たしかに「使われやすい」ものをソートすることはできるかもしれませんが、とはいえそれが自分にとって必要で求めているものであるとは限らない。しかしまた同時に、すべての検索結果を見ることも難しい。したがって、情報の適正量を設定しなければならなくなると思いますが、それを誰がどのように判断するのでしょうか。

ドミニク：問題を切り分けて考えたいと思います。IAMAS全体で僕の授業の方式を取り入れたとしたら、若い学生は皆「真鍋大度」[10]を検索すると思うんです（笑）。つまり、スターシステムは自然と生じてくる。これは複雑系科学では「アトラクタ」という概念で説明されます。重力場のようなものが自然と出てきて、全体のエントロピーが下がっていく。つまり、掃除していない部屋の中の「ほこり」のようなものですね（笑）。自然と局所に集まって「自己組織化」していく。ともかく、放置するとスターシステムは勝手に出来上がってしまうのです。Twitterだって100万フォロワーの著名人などにアテンションが集中する。AppStoreに70万個以上のアプリがあるなか、どのように最適なレコメンドを行なえばいいのか。Twitterアカウントのフォロワーの傾向などまでを見て、AppleはAppStoreのなかでパーソナライズされた検索結果を表示させています。このようなアテンションのためのアーキテクチャというものは、まだイノベーションが模索されているホットトピックです。

とはいえ、「対象が多すぎる」という考え方はウェブブラウザ上での「検索」というパラダイムのなかの考え方だと思うのです。PC全盛の時代は「検索」ですが、スマートフォン全盛の時代は「レコメンド」です。「Google Now」はまさに検索させないもので、自分のいる状況── 中目黒で天気がよくて昼時のこの時間──に応じて、おすすめのランチスポットをレコメンドしてくる。要するに、だんだんとサーチすらさせない方向に向かっているのです。SmartNewsもGunosyのようなニュースアグリゲーターなどもそうですね。いずれもがユーザーの代わりに「良きにはからってくれる」ようなサービスです。こ

れを踏まえると、蘆田さんのご指摘はごもっともで、アーカイブにおいて「良きにはからって」くれると、誰もが「真鍋大度」つまりスターに向かってしまう。最近の学生にとっては高嶺格より真鍋大度のほうが認知度が高いかと思いますが、例えば高嶺格のほうにもアテンションが向かうようなシステムをつくるかつくらないかの判断は、アーカイブの設計者に委ねられているのです。そこまで深く考えるエンジニアが不在だと、スターシステムとバズワードを焼き直すだけになってしまうでしょう。

　僕個人としては、そのようなアーカイブのなかで、高嶺格さんにも真鍋大度さんにも自然に、見る人の関心のタイミングや種類に応じて、注意が行ってほしいと思っています。真鍋さんはご自身がインスパイアされた作品や作家を、講演などでもよく紹介して系譜を意識されていますが、僕はそのようなスタンスにとても感動します。いろいろな作家同士の系譜というかたちでリンクを繋げることは、共同体単位に限定されるかもしれませんが、歴史が構築されるという観点で重要だと思います。結局、そうなってくるとこれは「編集者」ですよね。情報の享受のされ方を意識しながらアルゴリズムの設計も人為的な介入も行なうという意味で、アーキビストはエンジニアリングだけではなく、編集者の職能も担うことになってくるでしょう。

蘆田：編集者的な志向性を持つ情報系の人は多いのでしょうか。

ドミニク：例えばわかりやすいところでSmartNewsさんの例を挙げると、彼らはエンジニアが半分で、コンテンツの表示などに対しては一切人為的な介入はしていませんね。ピュアにアルゴリズムでやる。そうありつつも、メディアで長年働いてきた人材をどんどん採用して、メディアとの関係性をすごく意識している。彼らは、コンテンツをつくる人たちをとてもリスペクトしています。そうした人たちを応援できるようなアルゴリズムをつくる、という発想です。そのうえで恣意的にアルゴリズムの出力結果を曲げることはない。これはビッグデータ時代における新しい信頼構築の形態であるかもしれませんね。

　同じように、アートにせよファッションにせよ、次の世代のアーキビストは最終的にアーカイブの先にいるユーザーやクリエイターにどの

ようなインパクトを与えるのかということを意識しながらシステムを構築するスタンスが必要なのではないでしょうか。

水野：今日は特にデータとしてのアーカイブをどのように利活用し、次世代へと継承していくかを中心にうかがってきました。そのなかでアーキビストの役割というものが、単なるデータの収集・保存でもアルゴリズムやシステム設計でもなく、集まったデータに対する創造的編集をどのように行なうかが問われていたかと思います。創造的編集の射程はアーキビストのみならず、利用者に「より面白く情報を使ってもらう」ところにまで拡張している、ということですね。

ドミニク・チェン
1981年生まれ。フランス国籍。博士（学際情報学）。NPO法人コモンスフィア（旧クリエイティブ・コモンズ・ジャパン）理事として、新しい著作権の仕組みの普及に努めてきた他、2008年に創業した株式会社ディヴィデュアルでは「いきるためのメディア」をモットーにビジュアルコミュニケーションアプリ「Picsee」(iOS)の開発を行なっている。著書に『電脳のレリギオ──ビッグデータ社会で心をつくる』(NTT出版、2015年)、『フリーカルチャーをつくるためのガイドブック──クリエイティブ・コモンズによる創造の循環』(フィルムアート社、2012年)、監訳書にネイサン・イーグル／ケイト・グリーン著『みんなのビッグデータ──リアリティ・マイニングから見える世界』(NTT出版、2015年)、共著に『Coded Cultures: New Creative Practices out of Diversity』(Springer Vienna Architecture, 2011.) など。

収録：2015年1月17日

1. http://hive.nttlcc.or.jp
2. ソフトウェア開発におけるバージョン管理のためのウェブサービス。
3. ソフトウェア開発における用語。他人のコードから分岐して新たなソフトウェアを開発すること。
4. 代表的な電子書籍規格のひとつ。
5. 光学文字認識(Optical Character Recognition)。画像データから文字情報を読み取るためのソフトウェア。
6. Nano Electro Mechanical Systems および Micro Electro Mechanical Systems。ナノメートルやマイクロメートルオーダーで機械やデバイスを製作・制御する研究。
7. Computer Numerically Controlled, すなわち「コンピュータ数値制御」の略。
8. ヘルシンキ出身のプログラマで、Linux や Git の開発者。

9. Graphical User Interfaceの略。コマンドラインによる入力ではなく、アイコンやカーソルを用いてコンピュータを制御するためのインターフェイス。

10. メディア・アーティストの真鍋大度はIAMASの卒業生。

paper

—

ファッション・アーカイブとその特殊性について　筒井直子
アーカイブズはなぜ斯くもわかりにくいのか　齋藤歩
Europeana Fashion IPR Guidelines　翻訳：水野祐／高橋由佳／岩倉悠子
密やかに生成する文様　筧菜奈子
なにがおしゃれなのか　松永伸司

p

paper

ファッション・アーカイブとその特殊性について
美術館・博物館と企業アーカイブを事例に

筒井直子

　近年、日本では文化財や芸術作品のみならず、建築や地域の公文書など有形のものから映像や音声といった無形のものまで官民挙げてアーカイブの整備や計画が盛んに議論されている。過去から現在に続く資料に価値を見出し、遺産として後世に適切に残そうという動きは欧米諸国に比べれば遅れをとっているものの、こうした議論は今後さまざまなレベルで広がると思われる。ファッションも例外ではない。文化庁は全国の美術館・博物館、大学・研究機関、民間施設から成る「文化ナショナルアーカイブ（仮称）」においてファッションをデザイン分野のひとつに位置づけ、欧州のヨーロピアナ[1]や米国のDPLA[2]のような横断検索が可能なデジタル・アーカイブのポータルの構築を目指している[3]。また教育機関のみならず民間でも新たにファッションのアーカイブを構築し、活用しようとする動きがある[4]。しかし、ファッションのアーカイブはどのように構築されるべきか、という根本的な問いについてはほとんど議論の俎上にのらず、各々のアーカイブが個々の方法で行なっているのが現状である。ファッションは絵画や文書、音楽や映像などの文化資料に比べるとモノ自体やその成り立ちに特殊な要素が多いにもかかわらず、そうした問題はおざなりに扱われている観がある。そこで本稿では、美術館・博物館や企業がもつファッションのアーカイブを事例に挙げながら、ファッションとそのアーカイブが抱える特殊性や問題について考えていく。そのうえで活用や今後の展望を探ってみたい。

　なお、ファッションを芸術作品と位置付ける美術館・博物館や研究機関と、自社のブランド力向上や新製品を開発するための資料体として扱う企業のアーカイブを同等に扱うなかに矛盾が生じないわけではないが、ここでは未来に対する遺産という大きな枠組みのなかでファッションのアーカイブを捉えていきたい。

アーカイブにおけるファッションが指し示すもの

　フランス語のアルシーブarchivesが外来語として英語圏に入り一般化したアーカイブarchiveという語は、本来「集合的に古文書、記録文書」「文書館、記録保存所；企業などの資料部、資料室」（小学館ロベール仏和大辞典）という意味である。前者の意について取り上げてみると、現在ではデジタル映像や音声といったコンピュータ上のファイルにみられるような無形の資料体にも使用されており、単に実体のあるモノだけではなくなってきたことが分かる。それではファッションにおけるアーカイブの範疇はどこにあるのだろうか。

　ファッションとはある時期、ある地域で広く人口に膾炙した「流行の服飾」と規定することができる。中世や近世では権力や財力をもった特権的な階級に敷衍した現象であったが、市民社会が実現した近代以降は一般庶民にも広がっていった。世界中の人種とその文化には固有の流行があるにしても、大多数の人がいわゆる「洋服」を着ている近・現代の社会のなかでは、西欧を起源とし成熟してきた服飾をファッションと捉えてよいだろう。

　こうしたファッションをアーカイブとして構築する場合、まず服そのもの、そして服に付随する帽子や靴、バッグといったアクセサリー類、服の着装に必要な下着類などの、モノの収集が挙げられる。さらにパターン（設計図）や技法などモノが生み出される過程で生じるものもファッションを成立させるのに重要な要素であるため、収集の対象になるだろう。しかし先述したように、ファッションを享受できる対象や社会構造が変遷することでモノを取り巻く産業やメディアも変化するため、アーカイブの対象は時代によって射程を変えなければならない。例えば19世紀中期以降、ファッションは客の好みを再現する仕立屋や商店ではなく、デザイナーを配して次シーズンの作品を発表するブランドが中心となって牽引していくが、その新しい流行を伝える手段のひとつがショーや広告といったプロモーションだった。特にショーはそのシーズンのコンセプトやイメージをダイレクトに広く伝えることができるため、多くのブランドが現在でも年に2回のショーを

実施している。そこには数十体の服に加え、モデルや会場、音楽、さらに招待状やルックブックなどの印刷物、後に公開されるショーの写真や映像など、そのシーズンの重要な情報が多数含まれている。こうした多くの要素がファッションを構成しているといえる。また他の時代に目を向けると、例えば70年代のヒッピーや2000年代のゴスロリといったストリートから生まれるファッションに関して言えば、ある特定のシーズンの服よりもむしろ集団のイメージや彼らの思想や志向を表わした言葉などが意味をもつ場合もある。このように、ファッションは服やアクセサリーといったモノだけではない極めて広範囲な要素を含むことがわかる。

さらにいえば、多くの文化資料は一枚の絵画、一曲の音楽のように自律性をひとつのモノに求めることができる。つまり、たとえ後世に名が残らない画家の作品でもそれは「絵画」に変わりない。しかし、上質な生地と優れた技法でつくられた美しい服がすべて「ファッション」の範疇に入らないことからもわかるように、ファッションにはそのモノが流行したかどうか、という問題がつねに付きまとう。他の文化資料と性格を異にする点がここにある。

アーカイブをもつ館とその特徴について

それでは、このようなファッションを実際にどのようにアーカイブ化しているのだろうか。

ファッションをアーカイブとして体系的に構築している例は、美術館・博物館、大学・研究機関といった団体が先行しており、近年では自社でアーカイブをもつ企業も増えている。ここではこれらの事例をいくつか挙げながら、その特徴を探ってみたい。

世界で最も早くにファッションの収集を始めたのはヴィクトリア・アンド・アルバート美術館（1852年）で、続いて1876年よりフィラデルフィア美術館がファッションの収集を開始する。20世紀に入ると、メトロポリタン美術館が1944年にコスチューム・インスティテュートを

設立、65年にロサンジェルス州立美術館に衣装・テキスタイル部門が置かれる。さらに67年にはニューヨーク州立ファッション工科大学の付属美術館が開館した。20世紀後半になると、総合美術館の一部門でなく、ファッションの単独美術館も相次いで開館する。例えば56年にはパリ市立衣装美術館、63年にバース服飾美術館、86年にパリ国立衣装芸術美術館（現・モードとテキスタイル美術館）、93年にマルセイユ・モード美術館が開館した。2002年にはアントワープ州立モード美術館、07年にチリ・モード美術館、09年にリスボン・デザインとモード美術館が開館している。日本では、1957年に杉野学園衣裳博物館が開館し、78年に京都服飾文化研究財団が設立、79年に文化学園服飾美術館、97年に神戸ファッション美術館、2005年には石見美術館が開館時にファッション部門を設置した。欧米の美術館がファッションのアーカイブを射程に入れ始めた時期は、ファッションが産業として拡大し、デザイナーによる作家性が求められるようになった時代と符合していることは特筆すべきであろう。日本について言えば、戦後に洋装化が本格的に浸透したことで教育目的や企業の研究基盤としてのアーカイブが構築され始めた。

　世界中の美術館系のアーカイブは規模の大小の差はあるものの、内容の大半が近代以降のファッションの通史および自国とその周辺地域のファッションで構成されている。ファッションの通史についていえば、17、18世紀以降現代までのファッションの発信地はパリにあったとされているため、フランスを中心とした欧米が対象になっている。しかし、本流がパリにあるとはいえ、そのなかでも限定的なデザイナーやブランドへの偏向があることは否めない。例えばメトロポリタン美術館のファッション・アーカイブ約34,000点[5]を見てみると、1920年代を中心に活躍したガブリエル・シャネルの作品171点（アクセサリー類を含む）やマドレーヌ・ヴィオネの作品121点などファッション史に名を残すデザイナーは積極的な収集対象になっているが、同時代に彼女らよりも流行していたとされるジェニーやシェリュイ、ドゥイエといったデザイナーの作品はほとんど見られない。むろん後者3ブランドは現在ブランドが存在せず現存作品が少ない、あるいはオークション等の売買対象になり難い面はあるにせよ、前者の2ブラ

ンドのように個々のデザイナーのキャラクターが独り歩きしたり作品が伝説化していることがファッション史の記述の幅を狭める状況をつくり出し、美術館のアーカイブにも偏向が伝播していると考えられる。こうした偏向がさらなる偏向の再生産をおこさないためにも、各館が同じような対象を扱うのではなく互いのアーカイブをよく知り、ファッションの空白を補い合うことが求められるのではないだろうか。

また、服やアクセサリー類といったモノ以外の収集に関していうと、多くの館では二次資料として扱われ、アーカイブとして体系化されていないケースが多い。ファッションが単に服だけで成立するものでない以上、今後体系化され、アーカイブとして公開されることが望まれる。そのためにも、圧倒的に不足しているとされるドキュメントや映像などを扱う専門的なアーキビストの養成が必要であろう。

次に筆者が所属する京都服飾文化研究財団（以下、KCI）のアーカイブの特徴をみていきたい。KCIでは現在、13,188点のアクセサリーや下着類を含む衣装のアーカイブ、および約2万点の書籍や雑誌類のアーカイブがある（2015年3月31日現在）。下着メーカーの株式会社ワコールの出捐のもと、設立以来37年にわたり収集のための一定の購入予算を確保し続けており、毎年、数百点の購入作品と寄贈作品がアーカイブに加わっている。アーカイブの内容については、主に18世紀以降の西洋のファッションおよび現代の日本のファッションを対象としている点において、方向性と問題点は他館とあまり変わらない。しかし、独自の館を持たないKCIは自主企画による展覧会はおおよそ5年に一度の開催であり、この点で他館と大きく異なっている。開催頻度が少ないのは展覧会予算の積み立て等、財政面の問題を抱えるに他ならないが、アーカイブにとっての利点をあげるならば、ひとつのテーマに沿った展覧会の出展作品について長時間をかけて収集を続けられることであろう。近年、KCIは「Future Beauty」展という過去30年の日本のファッションに特化した展覧会を企画し、国内計2館、欧米および豪州の計5館に巡回させた（2010年〜2014年）。その出展作品の目玉のひとつが、81年にパリで初めてコレクションを発表したコム・デ・ギャルソンの初期から現代の作品である。この作品群は90年代にKCI

が同ブランドから約2000点の寄贈を受けたものが礎となり、継続的に収集を続けてきた結果、実現した出展であった。また、出展作品のうちの90年代から2000年代において、当時の若手から中堅デザイナーによる日本のファッションについては、アーカイブに手薄な部分が見られたため、企画がスタートしてから数年にわたって収集すべき作品を吟味し、アーカイブに加えてきた。これらアーカイブは服だけでなく、映像やルックブック、さらには当時の新聞記事など多岐にわたっており、ファッションの多面性を拾い上げるためにはある程度の時間をかけた調査、収集が必要であることがわかった。また、KCIの自主企画「モードのジャポニスム」展（94年）は開催以降、継続的なテーマとして現在もアーカイブを続けている。世の中にあるファッションのすべての収集が不可能である以上、このような展覧会という編集によるアーカイブの構築は、その内容を深めるうえで有用な方法のひとつになるのではないだろうか。

製品へのフィードバックのため、また企業と社会を結ぶ橋渡しとするため、自社でアーカイブをもつ企業が増えている。ここでは各企業にある資料室や社史編纂室ではなく、積極的な公開や活用をしている美術館系に近しいイヴ・サン＝ローランのファッション・アーカイブを例に挙げたい。

2000年にパリ19区に開館したイヴ・サン＝ローラン・リソース・センターは、2004年にかつてイヴのオートクチュール・メゾンがあった16区のマルソー通り5番地に館を移転し、展示スペースで企画展を実施するなど一部のアーカイブが公開されている。現在はイヴのパートナー、ピエール・ベルジェ氏の名を連ねた「イヴ・サン＝ローラン ピエール・ベルジェ財

図1　イヴ・サン＝ローランのサファリ・スーツ
1968年 Droits Reservés, Archives Yves Saint-Laurent
photo by Franco Rubartelli

団」と銘打ち、衣装 5,000 点、靴 2,000 足、アクセサリー類 15,000 点、さらにイヴのスケッチやスワッチつきのコレクション制作時の指示書、プレス書類、書籍等の紙資料がアーカイブに数えられる。これらのアーカイブは服、靴、アクセサリーそれぞれの専用収蔵室に美術館の収蔵品に等しい状態で保存され、コンサベーション・ルームでは専門スタッフが修復作業にあたっている。このような後世に残すための徹底した企業アーカイブは世界的に稀有であるかもしれない。これは現在、当財団がブランド「サン＝ローラン」とは切り離された運営下にあることも一因と思われる。だがしかし、イヴの遺産は現代にも息づいており、2013年春夏シーズンよりレディースおよびメンズのクリエイティブ・ディレクターに就任したエディ・スリマンの作品には、アーカイブの活用が伺える（図1,2）。

図2　エディ・スリマン／サン＝ローラン　ドレス
2013年春夏
KCI 所蔵 (Inv: AC12971 2013-1AE)

　同様に、クリスチャン・ディオール美術館（1997年開館）、サルヴァトーレ・フェラガモ美術館（1995年開館）、バレンシアガ美術館（2011年開館）などのアーカイブは、現代のデザイナーおよび研究者や学生、愛好家たちに多くの情報を与えるリソースとなっている。

　日本では、2004年に財団法人三宅一生デザイン文化財団が設立、11年に公益財団法人に移行し、三宅一生の作品のアーカイブが進められている。また、2005年設立の森英恵ファッション文化財団でも自社のアーカイブと人材育成に力を入れている。

　これら国内外のアーカイブはおおよそ、長きにわたり活動し成功をおさめたブランドや企業にみられることである。資本の小さいブランド、あるいは開始したばかりのデザイナーにはなかなか困難であろう。しかし、自身が生み出したファッションをなんらかの手立てで残そうとするならば、美術館や研究機関への積極的な購入の働きかけや寄贈の

申し出が有効であると思われる。そうすることで、消費され、散逸していくファッションを次の世代へ残していけるのである。

モノの情報とその問題点

次にアーカイブの個々の内容とその特徴について、KCIのアーカイブの事例を通して考えてみたい。

KCIでは作品をアーカイブとして新規登録する場合、一作品にひとつの作品ファイルを作成している。そこには、品名、デザイナー名（制作者）、ブランド名、制作年、制作国、色、素材、レーベルの有無、形状特徴、大きさ、来歴といった作品そのものに関する情報、また出展履歴や資料画像、撮影画像、新聞や雑誌、ウェブ上の記事、作品解説や論考など作品にまつわる周辺情報、さらに購入先や寄贈先、受入日や購入金額など経理管理情報、補修やコンディションレポートなどの状態管理情報が記される。ここまではファッション以外の美術館、博物館のアーカイブとおおよそ変わらないだろう。

しかしファッションの場合、例えば服が平置きやハンガーに吊

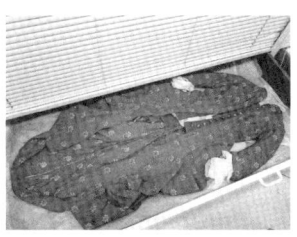

図3 平置き状態の1885年頃のデイ・ドレス
KCI所蔵 (Inv. AC903 78-25-15AB)

図4 着装した1885年頃のデイ・ドレス
KCI所蔵 (Inv. AC903 78-25-15AB)
photo by Taishi Hirokawa

figure 5 1885年前後のイラストや絵画資料

るされた状態では、当時の正しいシルエットや着装時の雰囲気を伝えることができない。こうした問題を解消するためには、まず当時の写真やイラスト、映像資料などのイメージを収集することが不可欠である。例えば1880年代のバッスル・スタイルのデイ・ドレスを正しいシルエットでマネキンに着装し再現する場合、当時の肖像画や風俗画、あるいはファッション雑誌に描かれた似たタイプのデイ・ドレスから情報を得なければならない。シルエットのみならず、スカート丈、袖丈はどれくらいかという問題も着装時に重要な情報である。また当時のデイ・ドレスには独立した形態の衿やカフス、帽子や手袋、パラソルなどのアクセサリー類が必須だったため、コーディネートにも注意を払わなければならない。そして、コーディネートの際は、帽子にも靴にも衿の素材にも流行があるため、それらを的確に見極める必要がある（図3,4,5）。作品ファイルには、このような問題を解決するイメージ資料が追加されていく。

また、補修記録やコンディションレポートも重要な資料である。これは新規登録後にKCIが補修した記録だけではない。例えば18、19世紀の服は、服のサイズやシルエットに変更がみられるものが少なくない。この場合、その痕跡の記録を正確に取ることで、制作年の特定につながることが多い。もしその特定が困難であっても、変更がなされた事実を後に伝えることは次の調査研究に繋がるだろう。

さらに服の設計図にあたるパターンは、服という立体物の捉え方を知るうえで非常に重要な資料となる。KCIでは一部の例外を除き、服を解体せずに詳細なパター

図6 1765年頃のフランス製ドレス
KCI所蔵 (Inv. AC5317 86-8-5AE)
photo by Tohru Kogure

を取り、作品ファイルに保存している。パターンは研究のみならず複製の制作に利用され、教育目的にも活用されている(図6,7,8)。

以上のように、ファッションが他の文化資料がもつ自律性と性格を異にするのは、このような作品自体が内包する特殊な点にもあるといえる。

図7 図6ドレスのパターンの略図

アーカイブの活用と展望について

これまで見てきたように、ファッションそのものの範疇が広範囲であるがゆえに理想的なアーカイブの構築までのハードルは高く、ともすれば散漫なアーカイブになりかねない。とりわけ、美術館や

図8 図6ドレスのレプリカ

博物館のアーカイブに求められることは、どのようなポリシーのもとなにを収集対象としているかについての枠組みを明らかにすることだろう。そして各々のアーカイブは問題点を把握し、より内容を充実させる努力が求められる。しかし、一団体では人的にも金銭的にも限りがあることが多い。そこで他団体との連携が期待される。最も効率のよい連携はアーカイブをデジタル化し、インターネット上で結びつけることだろう。例えば、2012年にスタートしたヨーロピアナ・ファッション(http://www.europeanafashion.eu/)では、ヴィクトリア・アンド・アルバート美術館やイタリアのエミリオ・プッチ・アーカイブ、オランダのセントラル美術館など欧州の19団体のコンテンツが公開され、作品の詳

細な画像やデータが見られるほか、サイト上で「オートクチュール」「ウィンターウエア」「エキセントリック」といったテーマ展示も行なわれている。実際の展示ではなかなか並置することが困難な複数のアーカイブが、ここでは容易に編集できる。さらに服やアクセサリーといったモノだけでなく、イラストや写真が内容を補完でき、アーカイブの保有者にとっても新しい調査、研究に繋がるような収穫が期待できる。

ヨーロピアナ・ファッションでのデジタル資料の大きな特徴のひとつは、クリエイティブ・コモンズ・ライセンスの条件下で公開されている点であろう。これは、作者や所蔵者が条件つきで他者に共有や二次使用の権利を認めるライセンスである。この表示に従って使用者はデジタル資料を編集したり、再配布したりすることができる。日本のブランド、シアタープロダクツは2012年にパターンのアーカイブをこのライセンス付きでインターネット上に公開して話題になったが、このような方法によるアーカイブの公開と活用は、利用者にとってファッションの新たな楽しみや服への理解を見出すきっかけになり、今後のファッションの可能性を格段に広げるに違いない。

　日本ではまだ数少ないファッションのアーカイブについては、なおのこと連携への取り組みのハードルは低いはずである。また、ファッションの多面性を補強するためにも、ファッションのみのアーカイブだけでなく、図書や雑誌資料や写真資料に特化した美術館や博物館のアーカイブと結びつくことで、より充実したものになることは疑いない。これからの日本におけるファッションの文化醸成のために、アーカイブにできることは無限にある。

筒井直子（つつい・なおこ）
京都服飾文化研究財団アソシエイト・キュレーター。ファッション展「ラグジュアリー」（2009年に京都国立近代美術館にて開催、他1館巡回）や「Future Beauty 日本ファッション：不連続の連続」（2010年にロンドン・バービカン・アート・ギャラリーにて開催、他6館巡回）などに携わる。京都精華大学非常勤講師、エスペランサ靴学院非常勤講師。

1.　欧州2300以上の美術館、博物館、図書館などの文化施設が提供するデジタル資料3000万点以上を横断的に検索できるポータル・サイト。http://www.europeana.eu/portal/

2. Digital Public Library of America の略。ヨーロピアナと同類のアメリカのポータル・サイト。参加施設1300以上、デジタル資料700万点以上が登録されている。http://dp.la/

3. 文化庁「文化関係資料のアーカイブに関する有識者会議」http://www.bunka.go.jp/bunkashingikai/kondankaitou/yushikishakaigi/pdf/torimatome.pdf

4. アパレル小売業「ユナイテッド・アローズ」は2012年、19世紀以降のテキスタイルや書籍、パターンなどのアーカイブ「N&UA企画資料室」を設立。自社だけでなく、ファッション・ビジネスに寄与する人々の利用を目指している。

5. メトロポリタン美術館公式サイト（http://www.metmuseum.org）より

p

アーカイブズは
なぜ斯くもわかりにくいのか
ヨーロピアナ・ファッションから学ぶこと

齋藤歩

–

1. はじめに —— アーカイブズの気配

　2014年の英国訪問は、アーカイブズ学（archival science）の研究に取り組む筆者にとってじつにプリミティヴな喜びをもたらした。なにしろ、机上で知るしかなかったアーカイブズの現場に触れ、そこで働くアーキビストと意見を交換し、それまで学んできた理論や手法が実社会で機能していることを目の当たりにしたのだから——。収穫はそれだけではない。アーカイブズの利用を考えるうえで示唆に富む展示に出会うこともできた。そのひとつが展覧会「イザベラ・ブロウ —— ファッション・ガロア！」（サマセット・ハウス内エンバンクメント・ギャラリー、2013年11月20日〜2014年3月2日）である（図1）[1]。

　イザベラ・ブロウの個人コレクション（ワードローブ）を中心に構成されたこの展覧会は、アレキサンダー・マックイーンやフセイン・チャラヤンといった現代のデザイナーに関する映像資料等（例えば卒業コレクション）が要所を押さえており、アーカイブズの気配を醸していた。この四半世紀をすでに歴史化の射程にとらえようとする英国の野心を展示構成から感じ

図1　「イザベラ・ブロウ——ファッション・ガロア！」展のポストカード

88

るとともに、アーカイブズを効果的に配置する手つきに熟練した文化戦略の一端を垣間見た気がした。

この展覧会でキュレーターを務めたアリスター・オニールを知ったのは帰国後、奇しくも本稿の構想段階で本誌3号に目を通したときである[2]。キャロライン・エヴァンス教授が、アーカイブズ研究者としてオニールの名を挙げて、この展覧会について触れていた。僅かな情報ではあったが、展示を体験した当初の直感を超えて、ファッション分野におけるアーカイブズ研究の存在と需要に確信を得るには十分であった。

前号のインタヴューは、ファッション・デザイン研究の国際的な動向を、研究機関、展覧会、書籍、人物の紹介によって伝えるものであった。そこからバトンを受けて、本稿ではアーカイブズ学の立場から世界的なファッション研究の動向を読み解く。日本においては未知の領域である「ファッション・アーカイブズ」に輪郭を与えるための試論としてである。

―

2.ヨーロピアナとアーカイブズとファッション

現在、文化芸術関連資料を概観するための方法のひとつとして、欧州に焦点を絞りインターネット上で目立った活動を見せているのがヨーロピアナである[3]。ヨーロピアナは、書籍と手稿、写真と絵画、テレビと映画、彫刻と工芸、日記と地図、音楽と音声をはじめとする文化遺産(cultural heritage)を対象として[4]、文化施設が所蔵する資料の一次情報をウェブ上でネットワーク化し、ひとつの集合体を形成する(図2)。そのことによって、資料の情報発信と利用促進を図ることが趣旨である。そのための技術面の試行や著作権の刷新が企図されている点も重要な側面である[5]。

図2 ヨーロピアナ内の資料一点別の表示。画像とともに詳細情報(メタデータ)が記載されている

ここでの文化施設とは、ギャラリー、ライブラリー、アーカイブズ、ミュージアムとさまざまである。そのため、各分野が培ってきた作法(メタデータ標準)の違いがネットワークを構築する際の技術的な障壁となっている。その課題を解説して実践に移す試みは日本語の論文でも図書館情報学を中心に散見するが[6]、アーカイブズ学からの同類のアプローチは少ない[7]。そのため——ヨーロピアナにおけるファッション関連資料についてアーカイブズ学の立場から分析することを当面の目標に据えながらも——議論の対象を絞る前に、ヨーロピアナにおけるアーカイブズの位置づけについて整理しておこう。

2.1. ヨーロピアナにおけるアーカイブズの位置づけ

「ヨーロピアナはデータ網のなかの新たな文化的ノードとなる可能性を秘めている」[8]。その実現のためにヨーロピアナで採用されているのが、EDM (Europeana Data Model)というデータ構造モデルである。このモデルによって実現しようとしているヴィジョンは、文化遺産を扱う諸分野との関係をふまえて以下のように記されている。

> EDMは特定のコミュニティの標準のうえに構築されるのではなく、むしろオープンで分野横断的なセマンティック・ウェブを基盤とした枠組みに接続する。その枠組みは、ミュージアムのためのLIDO、アーカイブズのためのEAD、デジタル・ライブラリーのためのMETSといった、特定のコミュニティの〔メタデータ〕標準が持つ幅と深みを受け入れることができる[9]。

ここでアーカイブズのための標準として挙げられているEADはEncoded Archival Descriptionの略語である[10]。EAD自体は記述標準ではないが、ここでは国際標準ISAD(G)などを用いて記述されたアーカイブズの詳細情報を電子化するためのルールと理解しておけばよい。つまり、ヨーロピアナが「文化的ノード」となるためにアーカイブズ・コミュニティに対して実行すべきタスクは、EADでコンパイルされたメタデータの構造をEDMによって再現することといえる。

ヨーロピアナでは、EDMを介してさまざまなコミュニティにおけるメタデータ標準の違いを乗り越えるのであるが、その妥当性を検討するには、まずEDMにおける三つの特徴的な考え方を理解する必要がある。

第一は「集合体aggregation」である。集合体によって、「文化遺産オブジェクトcultural heritage object (CHO)」と「デジタル表象digital representation」を「論理的な一体物one logical whole」とみなす[11]。つまり現実の物体（object）とウェブ上の再現物（representation）によって集合体（aggregation）を形成することを意味し、これらが各機関からヨーロピアナへ渡されるデータ・パッケージのおもな要素となる[12]。なお、この考え方はORE (Object Reuse and Exchange) モデルを参照している。OREは「ひとつのオブジェクトとその再現物に属する異なる情報の断片を構造化する」[13]ことから、CHO（オブジェクト）ひとつに対して再現物（EDMではウェブ・リソース）を複数割り当てることが可能となる。したがって、EDMでは複数の文化機関でCHOを共有することによって、ウェブ上で文化遺産の同一性を保持することが可能となる。

第二は「プロキシproxy」である。先の集合体におけるメタデータ（作成者、タイトル、所蔵先などの文化遺産の詳細情報）は、CHOに直接付与されることもあるが、プロキシを介すこともある。そのことで「プロキシのメカニズムは、同一のCHOに対して異なる視点 ── 例えば記述（description）── を与える」[14]。プロキシを用いる利点は、複数の集合体からひとつのCHOを記述する場合に、集合体毎にメタデータを識別できることである。そのことによってメタデータのコンテクストを追跡できるようになる（図3）。

第三は「dcterms:hasPart」「edm:isNextInSequence」等である。集合体同士が「階層と序列hierarchies and sequences」[15]の関係性を持つことがある。その場合、アーカイブズの階層構造は「dcterms:hasPart」「dcterms:isPartOf」で再現できるし、「edm:isNextInSequence」によって冊子のページ等が持つ序列構造を記述できる（図4）。

以上は、アーカイブズ等の文化施設がウェブ上に公開しているデータを活用して異なる分野の情報を関連付けるための具体的な手段である。集合体のひとつをヨーロピアナ、それ以外の集合体を情報提供

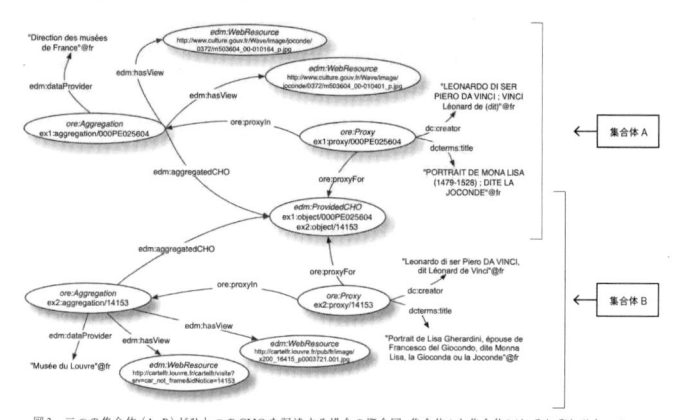

図3 二つの集合体 (A, B) がひとつの CHO を記述する場合の概念図。集合体Aと集合体Bは、それぞれひとつの CHO と二つのデジタル表象 (ウェブ・リソース) によって構成され、同一のCHOを対象としている。いずれの集合体 もプロキシにメタデータを付与している。同じCHOのメタデータでも経由するプロキシや集合体で識別できる
出典 = *Europeana Data Model Primer*, p. 22.（日本語部分は筆者作成。以下同）

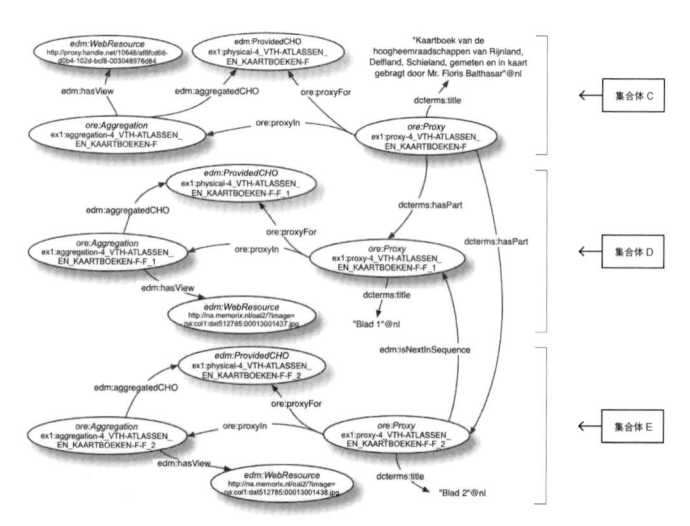

図4 階層と序列を再現した概念図。「dcterms:hasPart」で集合体Dと集合体Eが集合体Cの一部であることが表現される（階層）。「edm:isNextInSequence」で集合体Eが集合体Dの次に並ぶことがわかる（序列）
出典 = *Europeana Data Model Primer*, p. 29.

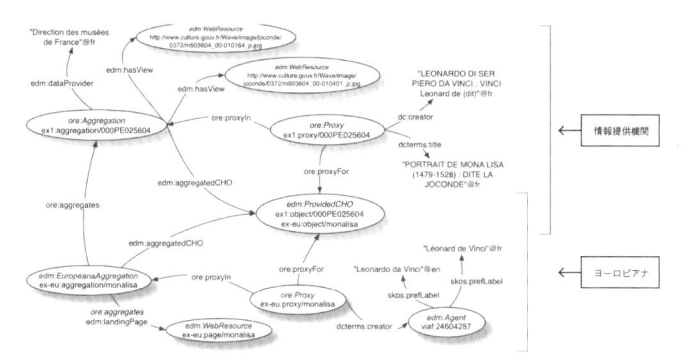

図5 ヨーロピアナを集合体と考えた場合の概念図。下の集合体がヨーロピアナ
出典= *Europeana Data Model Primer*, p.24.

機関と考えれば、既存の文化遺産メタデータ標準を「再利用および交換reuse and exchange」することで「領域を横断したデータ相互運用の課題problem of cross-domain data interoperability」[16]を解決しようとしている様がわかる(図5)。そのことからヨーロピアナをデジタル画像閲覧サイトとみなすだけでなく、欧州各地の文化施設が発信する情報をありのままの状態でネットワーク化する試みとして理解できるだろう。

2.2. ヨーロピアナ・ファッションの構成

その名の通りファッション分野に特化したヨーロピアナとして2012年3月にヨーロピアナ・ファッションが三カ年事業としてスタートした(2015年2月事業終了)[17]。12カ国22機関からなるコンソーシアムを結成し、ヨーロピアナに70万点以上のファッション史に関するデジタル・オブジェクトの情報を提供する事業である。その対象は、歴史的衣装、アクセサリー、写真、ポスター、ドローイング、スケッチ、ヴィデオ、カタログと多岐にわたる[18]。

ウェブサイトのトップページは、上部に11のテーマ(刺繡、ファッション・イラストレーション、第一次世界大戦、エキセントリック、ディーヴァ、プリント、冬服、パフォーマンス、オートクチュール、男性の肖像画、花柄の宝石)を掲げて、関連画像をアイテム別に掲載している。その下

の「ブラウズ・ファッション・アイテム」では、スケッチ、シューズ、宝石、イラストレーション、オートクチュール・コレクション、帽子の分野毎に同じく一点別で資料を紹介する。資料の画像をクリックした先には、アイテムの紹介に付随して「類似のオブジェクト」「同一の作成者」「同一の所蔵機関」と関連アイテムが表示される(図6)。EDMはここでも採用されており[19]、基本的なデータ構造はヨーロピアナと同一である。このことによってアーカイブズの情報がヨーロピアナ・ファッション内でも再現可能となっている。

図6　ヨーロピアナ・ファッション内の資料一点別の表示

2.3. ヨーロピアナの課題

　EADからEDMへの置き換えが技術的に可能だとしても、アーカイブズの全体性をヨーロピアナで再現するにはまだ十分ではない。その理由として、ヨーロピアナにおけるCHOは物理的なオブジェクトを想定しているために「〔デジタル再現物を欠いた、不完全な記述のみのオブジェクトの〕情報の価値はヨーロピアナにおいては問題になることがある」ことが指摘されている[20]。たしかに、アーカイブズの中間レベル(コレクション全体とアイテム1点のあいだに位置するシリーズやファイルなどの階層)は具体的なオブジェクトがともなわないことが多い。実務では物理的に存在しないレベルを設定せざるを得ないケースもある[21]。

　コレクションの全体像よりもアイテム一点別に注目して、デジタル画像による視覚的効果の強い情報発信を狙うヨーロピアナの構成は、いまだアーカイブズの特徴を掴み損ねているところがある。それに比べて、文化施設の所蔵資料情報を横断的に検索できる点で同種のウェブサイトといえるWorldCatは ── オンライン・コンピュータ・ライブラリー・センター (Online Computer Library Center, OCLC)に参加している図書館という制限はあるが ── アイテムだけでなく、コレクション名や資料目録の単位でも情報が登録されているために、アー

カイブズの全体像を容易に把握することができる[22]。形式を「記録資料archives」と指定して絞込検索ができることもその機能を後押ししている。

ヨーロピアナ・ファッションに目を転じれば、ミュージアムを中心とした22機関が参加するこの事業は、ヨーロピアナへの参加機関数が3000以上であることに比べて分野も数も極めて限定的であることから、そもそも対象を絞った実験的な試みととらえる必要があるのかもしれない。ましてや、ヨーロピアナの狙いは著作権の再整備にあるとの見方もあり[23]、アーカイブズの構成を再現することはさほど重視されていない可能性もある。

ヨーロピアナにおけるデジタル画像の優位性が今後の欧州での文化遺産の理解においてどのような影響を与えるかは、アーカイブズ学の立場からすれば検討の余地が多く残されている。また、ヨーロピアナの現状を把握したところで、ファッション関連資料についてアーカイブズの立場から語る試みとしては、いまだ導入部にも至っていない。はたして、資料群からファッション・デザイナーや企業の活動を再現するような「ファッション・アーカイブズ」は存在するのだろうか。次に米国の動向へと目を移し、さらに探ってみたい。

-

3.アーカイブズ学によるファッション研究

レイチェル・クラークはファッション・インスティチュート・オブ・デザイン＆マーチャンダイジング（FIDM）のライブラリーが所蔵する「アン・ゲッティ・ファッション・コレクション」について、目録作成の経験をもとにアーカイブズ学の見識を交えて分析している[24]。同コレクションは1993年6月にFIDMライブラリーに寄贈された。内容は、アン・ゲッティが1973年から1994年のあいだにファッション・デザイナーから送られた、ルック・ブック、ランウェイ写真、ドローイング、仕様書等である。送り主のデザイナーには、ピエール・カルダン、ダナ・キャラン、カルバン・クラ

図7 台紙にホチキス留めされた写真と生地見本(部分)
Photograph copyright 2009 Rachel Ivy Clarke. Originally published in "Preservation of Mixed-Format Archival Collections: A Case Study of the Ann Getty Fashion Collection at the Fashion Institute of Design and Merchandising," *The American Archivist* 72(1): 185-196. Used with permission of the author.

イン、クリスチャン・ラクロワ、森英恵、クリスチャン・ディオール、イヴ・サン=ローラン等の名が連なる。とりわけ、ディオールとサン=ローランの資料には生地見本が含まれているように、資料の種別が多岐にわたるうえにそれらが混在していたことが、資料整理をより困難にした。クラークは、こうした資料群を「複合形式 Mixed-Format」と呼び、その保存方法の検討ポイントを中心に論じている。

生地見本は糊やホチキスによってドローイングや写真とともに台紙に一体化しており（図7）、その様態にデザインの痕跡が残されていることがある。粘性物質による資料劣化に備えて物理的に分離することが長期保存の原則だが、その場合は資料同士のもとの関係性を保持することまで考慮しなくてはならない。ここでは、この状況が「内在的価値 intrinsic value」や「原秩序 original order」といったアーカイブズ学の用語によって説明される[25]。そのうえで、資料整理の第一の目的は利用に供することとして、所与のリソース（時間、人員、予算）を勘案しながら判断をくだしたプロセスを明かす。最終的には生地見本は現状維持となり、それ以外の資料（例えば写真とドローイングの一体資料）は、一部を種別で分類してデザイナー別のフォルダにまとめてコンテクストを保持した。

本論の冒頭では、コレクションの価値について、「これらの資料は、教育機関にとっては研究と調査のための価値があり、ファッションの世界にとっては重要な歴史的価値がある」と述べている[26]。この二つの価値は――「大学アーカイブズ」のなかの「ファッション・アーカイブズ」のごとく――コレクションが複数の価値を持ちうることを明らかにする。それだけでなく、「ファッション・アーカイブズ」を追求する者へ、「大学アーカイブズ」という新たな視座を与える。それに比べてヨーロピ

アナの対象はファッション関連資料のごく一部にすぎない――。大学ライブラリーで研究利用のために整理が進められた資料群の存在は、そのことを端的に示している。

4. 大学アーカイブズのファッション関連資料

　研究利用という用途を考慮すると、これまでとは異なる文脈のアーカイブズ像が見えてくる。ヨーロピアナでもそうであったように、一般的には、ミュージアムとライブラリーに並ぶ文化施設にアーカイブズは位置づけられる。そこでは自立した機関が前提とされている。しかし、資料を所蔵する機能をもつ機関も含めれば、アーカイブズの対象は拡大するだろう。例えば、民間企業の資料室、あるいはアーカイブズ機能を組み入れた行政機関である。研究利用という点では、教育機関のなかにアーカイブズ機能が含まれることも想像に難くない。いうまでもなくアン・ゲッティ・ファッション・コレクションを含むFIDMライブラリーはその一例である。「ファッション・アーカイブズ」のありかを探るにあたってこの点に留意したい。そのうえで英米の代表的な教育機関を概観してみよう。

4.1. ニュー・スクール大学ライブラリー&アーカイブズ

　米国のニュー・スクール大学は複数のカレッジを抱える総合大学であり、研究と教育をサポートすることを目的に「大学ライブラリー&アーカイブズ」が設置されている。所蔵資料は、書籍、雑誌、楽譜、サウンド&ヴィデオ、アーカイブズ、視覚映像である[27]。
　同機関の「アーカイブズ & スペシャル・コレクション」は、傘下のカレッジの特徴を反映した内容となっている（表1）[28]。全体としては、おもに大学に縁のある個人や組織の資料群「個人および組織アーカイブ

表1：ニュー・スクール大学ライブラリー&アーカイブズ「アーカイブズ&スペシャル・コレクション」の構成

1　個人および組織アーカイブズ
1-1　ケレン・デザイン・アーカイブズ
1-1-1　ファッション・デザイナー
1-1-2　ファッション・イラストレーター
1-1-3　ファッション・マーケティングと広報
1-1-4　ファッション教育と教育学
1-2　マネス・アーカイブズ
1-3　ニュー・スクール・アーカイブズ
2　大学史コレクション
2-1　パーソンズ機関コレクション
2-2　ニュー・スクール機関コレクション
2-3　マネス機関コレクション
3　スペシャル・コレクション
3-1　芸術とデザイン
3-2　音楽
3-3　社会科学と人文科学

ズ」と大学の運営にともなって作成された資料群「大学史コレクション」に見られるように、アーカイブズ学における「収集アーカイブズ collecting archives」と「組織内アーカイブズ in-house archives」を設けている点に、大学アーカイブズの典型的な特徴が表われている。もうひとつの「スペシャル・コレクション」には貴重書等が該当し、図書館が所蔵する一般書とは区別している。

ニュー・スクール大学にはファッション学部を持つパーソンズ・スクール・フォー・デザインが属していることもあり、このなかにはファッション関連資料が含まれる。なかでも「ケレン・デザイン・アーカイブズ (1-1)」[29]と「パーソンズ機関コレクション (2-1)」[30]には、ファッションに関連するデザイン、ビジネス、教育の資料が含まれる。いずれも多くは資料群毎に目録が作成されており、その数は100を超える。そのなかの代表的な資料はアイテム一点別で「デジタル・コレクション」としてウェブ上で閲覧することもできる[31]。

4.2. ニューヨーク州立ファッション工科大学ライブラリー

同じく米国のニューヨーク州立ファッション工科大学 (FIT) グラディス・マーカス・ライブラリー[32]は「スペシャル・コレクション&大学アー

カイブズ」を設けている[33]。その設置根拠として「研究素材の一次資料であるスペシャル・コレクションが集積することによって、20世紀前半の米国のファッション・デザイン学派を特徴付けた動向を明らかする」と記しているように[34]、ファッション史を再現するための資料群である。

全体は、スクラップブック、アーカイブズ、イラストレーション、その他の一次資料を含む、五つの群で構成される(表2)。第一の「マニュスクリプト・コレクション」は200人以上のファッション・デザイナーの手稿コレクションである[35]。ウェブサイトで公開されている各資料群の概要からは、写真やスケッチが大半を占める一方で、書簡、パターン、スクラップブックなども含まれることがわかる[36]。続いて、「フランシス・ネディ・コレクション」はファッション・イラストのコレクション、「定期刊行物索引」はスペシャル・コレクションとして扱われる定期刊行物のタイトルをアルファベット順に並べたリスト、「大学アーカイブズ」は大学の経営や教育プログラムに関する資料、「オーラル・ヒストリー」はファッション産業の関係者200人以上へのインタヴューの記録である。FITはファッションに特化した教育機関なので、たとえ「大学アーカイブズ (4)」といえどもファッションをとりまく過去の社会状況が記録されている可能性がある。

表2：FITグラディス・マーカス・ライブラリー「スペシャル・コレクション&大学アーカイブズ」の構成

1 マニュスクリプト・コレクション
2 フランシス・ネディ・コレクション
3 定期刊行物索引
4 大学アーカイブズ
5 オーラル・ヒストリー

4.3. ロンドン芸術大学ライブラリー

英国のロンドン芸術大学ライブラリーは「コレクション&アーカイブズ」[37]を持つ。その内訳は「アーカイブズ&スペシャル・コレクション・センター」[38]のほか、ロンドン芸術大学の六つのカレッジ毎に設けられたコレクションである。いずれも大学の運営や教育プログラムに関する資料に加えて、カレッジの特徴に応じたコレクションを所蔵し

ている。これらの資料の情報はPDF版[39]や電子版[40]の目録に収録されており、ウェブサイトでも概要を知ることができる。

　ファッション関連資料は、カレッジのひとつであるロンドン・カレッジ・オブ・ファッション（LCF）の「LCFコレクション&アーカイブズ」に多く含まれる（表3）[41]。この資料群は「大学アーカイブズ」と「図書館コレクション」に分かれている。前者の大学アーカイブズは15のコレクションで構成され、資料群名には、デザイナー（8、12）だけでなく、企業（1、4、5、7）や教育機関（2、6）のほか、テーマを表わす名称——紳士服やパターンなど（9、10、11、14、15）——が付けられている。後者の「図書館コレクション」は、貴重書等の「スペシャル・コレクション」と生地や織物の「素材コレクション」からなる。

表3：ロンドン芸術大学ライブラリー「LCFコレクション&アーカイブズ」の構成

1 大学アーカイブズ
1-1　C&A社アーカイブ
1-2　コードウェイナー大学アーカイブ
1-3　EMAPアーカイブ
1-4　ガーラ・コレクション
1-5　ヘイズ・テキスタイル会社コレクション
1-6　LCF史コレクション
1-7　ルイス・バンド・コレクション
1-8　メリー・クワント・メイクアップ・コレクション
1-9　紳士服コレクション
1-10　ペーパー・パターン・コレクション
1-11　仕立業および服飾製品コレクション
1-12　ビクター・スティーベル・スケッチブック
1-13　女性家内工業アーカイブ
1-14　婦人服コレクション
1-15　ウールマーク写真アーカイブ
2 図書館コレクション
2-1　スペシャル・コレクション
2-2　素材コレクション

4.4. ロイヤル・カレッジ・オブ・アート・ライブラリー

　英国のロイヤル・カレッジ・オブ・アート（RCA）の「スペシャル・コレクション」は、アーカイブズ、写真、芸術作品、貴重書を含み、全体は四つに分類されている（表4）[42]。第一の「RCAアーカイブズ&関連コ

レクション」は、1890年代から現在までのRCAの歴史や経営に関する文書、出版物、写真で構成される。このなかには卒業生や教員から寄贈を受けた大学関連資料も含まれる。第二の「第二アーカイブズ＆マニュスクリプト」は、RCAに縁のある人物の足跡を辿る資料群である。第三の「美術品＆デザイン・コレクション」は、1300点におよぶ学生の作品「大学コレクション」、学生が制作したポスター、カタログ、書籍等の「グラフィック・デザイン＆イラストレーション・アーカイブ」、ジリ

表4：ロイヤル・カレッジ・オブ・アート「スペシャル・コレクション」の構成

1 RCAアーカイブ＆関連コレクション
1-1 RCAアーカイブ
1-1-1 マニュスクリプト＆刊行物
1-1-2 写真資料
1-2 RCA関連コレクション
1-2-1 ケネス・アグニュー写真コレクション
1-2-2 ピーター・バイロム・ペーパー
1-2-3 エリザベス・クレメンツ＆J・D・マコード・ペーパー
1-2-4 ロビン・ダーウィンの遺品
1-2-5 マージェリー・デニス・ホール・コレクション
1-2-6 クリフォード・ハッツ・コレクション
1-2-7 ニック・ホーランド・ペーパー
1-2-8 パトリック・ホリマン・コレクション（デザイン教育ユニット文書）
1-2-9 ジェラルド・ネイソン・コレクション（『ARKマガジン』および『ニューシート』文書）
1-2-10 W・R・レサビー・マニュスクリプト
2 第二アーカイブズ＆マニュスクリプト
2-1 L・ブルース・アーチャー・アーカイブ
2-2 マックスウェル・アームフィールド・ペーパー
2-3 美術＆建築アーカイブ
2-4 エドワード・ボウデン・スケッチブック
2-5 ヘンリー・コール旅行記
2-6 ヴィリエ・デイヴィッド財団ペーパー
2-7 マッジ・ガーランド・アーカイブ
2-8 GPO切手帳
2-9 タペストリー史コレクション
2-10 シビル・ペイ・ノートブック
2-11 フランク・ショート・ペーパー内のポールフリー・コレクション
2-12 テキスタイル・パターン帳
2-13 カレル・ウェイト・レター
2-14 ヘンリー・ウィルソン・アーカイブ
3 美術品＆デザイン・コレクション
3-1 大学コレクション
3-2 グラフィック・デザイン＆イラストレーション・アーカイブ
3-3 ジリアン・パターソンのライオン・ボックス
3-4 印刷アーカイブズ
4 スペシャル・コレクション・ブックス
4-1 アーティスト・ブック

アン・パターソンの退官時に学生や職員が作成したギフト・ボックス「ジリアン・パターソンのライオン・ボックス」、印刷物と出版物の「印刷アーカイブ」からなる。第四の「スペシャル・コレクション・ブックス」は、学生や職員が製作した書籍、大学刊行物、貴重書等を含む。

ファッション関連の資料としてとくに注目したいのは、RCAにファッション課程が創設された1948年に教授に就任したマッジ・ガーランドの資料群「マッジ・ガーランド・アーカイブ (2-7)」である。ガーランドは大学の職に就く以前は英国版『ヴォーグ』の編集者を務めており、業務中に作成された1920年代から30年代の資料もその一部である。そのなかには詩人のジョン・ベッジマン、デザイナーのハーディ・エイミス、ジャーナリストで小説家のレベッカ・ウェストらとの書簡も含まれる。2012年に寄贈され、現在目録を作成中である[43]。

5. 考察——アーカイブズの構成読解

教育機関において「アーカイブズ」または「コレクション」などと呼ばれる資料群をファッション分野に絞って概観してきた。「ファッション・アーカイブズ」について深く知るために、これらが名ばかりのアーカイブズではなくその名にふさわしい内実を備えているか —— 集合的に資料群の全体像を把握しているか —— を検証する必要がある。そこで、これらの資料群に施されている整理方法について、目録読解によって検証したい。資料群を把握するための目録 —— アーカイブズ学における「検索手段 finding aid」—— にアーカイブズらしさを見出すことができれば、その資料群のなかに「ファッション・アーカイブズ」と呼べそうな片鱗が存在するはずだからである。

ニュー・スクール大学の「ケレン・デザイン・アーカイブズ (1-1)」の目録は、DACS (Describing Archives: A Content Standard)[44]と呼ばれる記述標準を参照している。そのことは同大学が発行するPDF版目録の表紙で確認できる[45]。DACSは米国アーキビスト協会により作成され

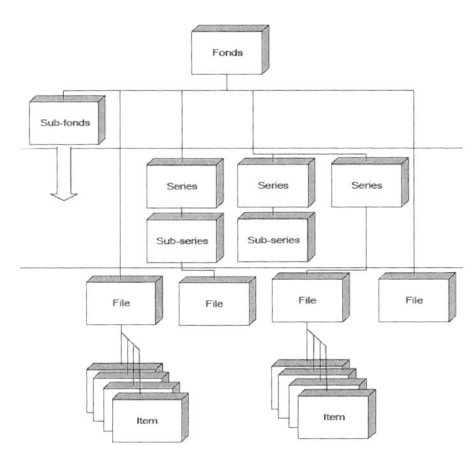

図8　階層編成モデル[47]

た標準であり、国際公文書館会議が定める国際標準ISAD(G) (General International Standard Archival Description)[46]と並び、世界的によく活用されている。DACSとISAD(G)はいずれも、資料一点別だけでなくアーカイブズを集合的に記述して目録を作成することができる。例えば、ISAD(G)では集合体の構造モデルを図示しており(図8)、こうした階層構造を念頭に置いて、アーカイブズの全体性を目録において再現する。

このアーカイブズの構成を詳しく見ていこう。同アーカイブズの目録から三つを取り上げて比較すると、八つの要素で構成されていることがわかる(表5)。1から4でコレクション全体の概要を示し、次に資料の利用に関する事項や整理の履歴、6と7が関連資料やテーマ、最後にコレクションのインヴェントリーを配置している。インヴェントリーとは図8で示したシリーズ・レベルのタイトル一覧を含むシンプルな目録で、シリーズ毎のコンテナ・リスト(容器一覧表)を含めることが多い[48]。コンテナ・リストにはすべての容器番号が登場するため、コレクション全体を網羅することができる。ファイルやアイテムまで記述することもあるが、シリーズ・レベルのコンテナ・リストが目録に含まれていれば全資料にアクセスする機能(accessibility)は担保されることになる[49]。

表5：ニュー・スクール大学「ケレン・デザイン・アーカイブズ」の目録比較

ジョン・ワイツ・ペーパー、1945-1998[80]	ノーマン・ノレル・コレクション、1941-1974[81]	エイドリ・ファッション・デザイン・ビジネス・レコード[82]
1 コレクション概要		
2 経歴		
3 範囲と内容		
4 組織と編成		
5 管理情報		
6 関連資料		
7 関連テーマの検索キーワード		
8 コレクション・インヴェントリー		
シリーズ1 展示ファイル(1979-1989頃)	シリーズ1 経歴(1941-1972)	シリーズ1 一般(1982-2007、年代不明)
シリーズ2 専門ファイル(1956-1996)	シリーズ2 写真(1950年代-1974年)	シリーズ2 経営記録(1982-2006)
2-1 アワードと表彰(1956-1994)	2-1 一般(1950年代-1972)	シリーズ3 プロジェクト記録(1973-2006)
2-2 旅行(1975-1994)	2-2 ファッション・ショー(1968-1974、年代不明)	3-1 個人プロジェクト(1985、1990年代)
2-3 著作物(1958-1996)	シリーズ3 実物(1956-1972、年代不明)	3-2 季節毎のコレクション(1973-2006)
シリーズ3 事業ファイル(1958-1991)	シリーズ4 スケッチブック(1945-1971)	3-3 「ヴォーグ・パターン」(1988-2006)
3-1 ファッション・デザイン(1958-1991)	シリーズ5 スケッチ(1960年代頃-1973頃)	シリーズ4 広報記事(1967-2007)
3-2 プロダクト・デザイン(1964-1988)		4-1 一般(1967-1998)
3-3 スポーツ・カー「X600」(1979-1980)		4-2 切り抜き(1967-2007)
3-4 ヨット「ミラグロス」(1971-1973)		4-3 写真(1960年代-1990年代)
シリーズ4 広報記事(1945-1998)		4-4 宣伝資料(1971-1983)
4-1 一般(1945-1988)		4-5 ヴィデオ記録(1981-1987)
4-2 音声映像(1950-1993)		
4-3 切り抜き(1950-1998)		
4-4 ファッション・ショー(1951-1981)		
4-5 海外ライセンス(1965-1994)		
4-6 宣伝資料(1950-1986頃)		
4-7 校正刷り、ポスター、広告雑誌(1949-1995)		
4-8 出版物(1959-1993)		
シリーズ5 スケッチブック(1951-1993頃)		
5-1 時系列(1951-1993)		
5-2 テーマ別(1956-1987)		

シリーズは作成者の活動を概観できるように記述される。各資料群の作成者は同じファッション分野であっても異なる活動を続けてきたため、インヴェントリーは目録毎につくりが異なる。例えば、ひとつめの「ジョン・ワイツ・ペーパー、1945-1998」は、シリーズ2内の「著作物(1958-1996)」に編集者との書簡が含まれており、デザインの傍らで執筆活動に勤しんでいたことがわかる。また衣服だけでなく車やヨットのデザインも手がけており、対象が広範であったことをシリーズ3が示している。シリーズ4内の「海外ライセンス(1965-1994)」からはドイツ、日本、英国、メキシコとの取引について知ることができる。

DACSは資料群のタイトルの付け方も定義している。「アーカイブズ

資料は、多くの場合、〈ペーパー（私文書）〉〈レコード（業務記録）〉〈コレクション（テーマ別の収集資料）〉のように──〔アーキビストが〕考案した──集合を表わす言葉で記述される」ため[53]、タイトルから資料群の性質を知ることができる。つまり、「ジョン・ワイツ・ペーパー」はデザイナー個人の活動に着目した資料群であることを示す。「ノーマン・ノレル・コレクション」はノレルの活動を理解するために収集した資料群であり、後任のギュスダーヴ・タッセルの資料を含むなど、タイトルに名が付されたデザイナー本人が作成した資料に留まらない。「エイドリ・ファッション・デザイン・ビジネス・レコード」は、エイドリアン・スティックリング・コーエン個人ではなく、企業としてのエイドリの活動にともなって作成された資料群ということを表現している。

　FITライブラリーのウェブサイトで閲覧できるのは簡易目録のみであるため同様の方法により内容の吟味には至らないが、資料群名を見る限りではFITのマニュスクリプト・コレクションに含まれる資料群名も同じ方針で付されている。また、LCFコレクション&アーカイブズの資料群は、デザイナー名か組織名の下に「アーカイブズ」や「コレクション」などが付されている。この場合、デザイナーや組織が作成した「アーカイブズ」、第三者が作成した資料も収集した「コレクション」という使い分けである。ただし、ウェブサイトでの見せ方は内容に応じて区別しており、ニュー・スクール大学とは方針が異なる。例えば「C&A社アーカイブ (1-1)」は内容が多岐にわたるため、資料の分類を階層構造で見せて企業の活動を把握することに主眼を置いた目録が公開されている[54]。他方「ガーラ・コレクション (1-4)」「LCF史コレクション (1-6)」「ペーパー・パターン・コレクション (1-10)」「ウールマーク写真アーカイブ (1-15)」等はデジタル画像を「ヴィジュアル・アーツ・データ・サーヴィス（VADS）」[55]で閲覧でき、アイテム一点別に見せることに力点が置かれている。最後に挙げたRCAの「マッジ・ガーランド・アーカイブ (2-7)」は目録を作成中とのことで、その成果が待たれる。完成の暁には、ファッション教育のカリキュラムや1920年代から30年代の英国『ヴォーグ』の編集者文書から当時の状況が再現されることになるだろう。

6. おわりに ── アーカイブズはなぜわかりにくいのか

本論ではヨーロピアナの現状を批判的に検証することによって、そこで扱いきれていないアーカイブズの存在可能性を示し、ファッション関連資料を例にそのありかを探った。その過程で、アーカイブズ学に基づく管理が施されている資料群の存在を教育機関のなかに見出した。後半では目録分析によって、個々の事例から帰納的に「ファッション・アーカイブズ」の像(モデル)を描くことをめざした[56]。その際に前半で示したアーカイブズのすべての目録を閲覧できたわけではない。今後、ウェブでは未公開のアン・ゲッティ・ファッション・コレクションや整理中のマッジ・ガーランド・アーカイブの目録を参照できれば、「ファッション・アーカイブズ」の輪郭はよりはっきりするだろう。

ただし、アーカイブズ学に基づくアプローチは、あくまで整理方法の選択肢のひとつにすぎない。そのことを端的に示しているのがFIDMライブラリーのエピソードである。レイチェル・クラークは「アン・ゲッティ・ファッション・コレクションの資料群をマニュスクリプト・コレクション部門で受け入れて、アーカイブズとして扱うこととした」[57]。すなわち、資料群はもともと「アーカイブズ」だったのではなく「アーカイブズとして扱うこと」をある段階で決定したのである。その検討プロセスを振り返りながら、「保全処置をほんとうに必要な対象に限定することで、整理の効率性とコレクションの有用性が高まる」とも述べており[58]、アーカイブズの資料整理を費用対効果の点で論じて近年注目を集めているマーク・グリーンとデニス・マイスナーの論文が参照されていることも注目すべき点である[59]。アーカイブズらしい全体性を保ちながら利用に供し、増え続けるバック・ログへの対応を共通の課題とするなど、ミュージアムやライブラリーとは異なるアーカイブ独自の管理手法の需要をここに見出すことができる。FIDMのウェブサイトでは、この論文と整理事業を評価するなかで、「個別の衣服では、社会や歴史における流行としての重要さを理解するために必要なコンテクスト情報を欠く」と述べているように[60]、アーカイブズ学に基づく手法は資料を群として扱うことによって、アーカイブズを総体的に把

握する視点に立って、個別の資料 ── ここでは一点毎の衣服 ── のコンテクストを再現することが可能となる。ときにその再現の対象は、デザイナーや組織が置かれた環境、または当時の社会状況にも及ぶ。したがって、物理的な性質 ── 量が多いか少ないか、または紙媒体かどうか ── だけでなく、資料群の内容を踏まえてアーカイブズまたはそれ以外の整理方法を選択する必要がある。

　誤解があってはならないのだが、アーカイブズとミュージアムを区別することや、いずれかの管理手法に優劣を下すことが本論の目的ではない。目指すべきは、与えられた資料の状態を鑑みて適した措置を講じることができるように、各々の特徴を把握することである。そのうえで、他の領域に比べてアーカイブズがデータの構造上扱いにくく、利用に際してそれなりのリテラシーを求めるところは認めなくてはならない。本論で解説したアーカイブズ目録もすぐに意味を理解することが難しいだろう。そのうえ、さまざまな文化施設のなかにアーカイブズ機能として潜んでいることがあるため、アーカイブズは見えにくい。これらが、アーカイブズ黎明期ともいえる現在の日本において、事態をより複雑にしている要因だろう。

　もっとも、アーカイブズのわかりにくさのメカニズムは思いのほか単純なのかもしれない。ミュージアムやライブラリーが存在しない社会において、その役割や使い方を直ちに共有することができたのだろうか。そう考えると、文化芸術を対象としたアーカイブズをこれから築こうという段階で、とりわけ類縁機関のミュージアムやライブラリーの役割がすでに認知されている日本において、誤解や類似機能との混同を含めた混乱が生じることは極めてまっとうともいえる。

　一方で、アーカイブズには美術品や図書と同等に物体が確かに存在しており、かけがえのない価値を秘めている事実はゆるぎない。そのようなアーカイブズの扱いにくさとその存在とその価値は、教育機関に含まれるファッション関係資料を例に本論で示したつもりである。それを「ファッション・アーカイブズ」と呼ぶかどうかの判断は、もはや重要ではないだろう。その価値を引き出すための手法の理解が十全ではないのであり、資料作成者、管理者、利用者が一体となって、その認識を深めることこそが、いま必要とされている。

p

齋藤歩

1979年生まれ。編集者、女子美術大学非常勤講師。学習院大学大学院人文科学研究科アーカイブズ学専攻博士後期課程。研究テーマは「建築レコード Architectural Records」。論文＝「建築レコードの目録編成モデル ――『スタンダード・シリーズ』から考える」（『GCAS Report』Vol. 3、2014）。

---

1. 'ISABELLA BLOW: FASHION GALORE!', Embankment Galleries, Somerset House, November 20th, 2013 - March 2nd, 2014.
   URL = http://www.somersethouse.org.uk/about/press/press-releases/isabella-blow-fashion-galore
   （註内のURLはすべて2015年8月13日最終確認）

2. 『vanitas』No. 3、2014、201頁。

3. 'Europeana'. URL = http://www.europeana.eu/

4. 'Our vision'. URL = http://www.europeana.eu/portal/aboutus.html

5. 'Who we are, Europeana Pro'. URL = http://pro.europeana.eu/about-us/who-we-are

6. 栗山正光「各国・国際レベルでのメタデータに関する取り組み」（『情報の科学と技術』60(12)、情報科学技術協会、2010、489-494頁）、塩崎亮＋菊地祐子＋安藤大輝「国立国会図書館サーチのメタデータ収録状況 ―― Europeanaとの比較調査」（『情報管理』57(9)、科学技術振興機構、2014、651-663頁）など。

7. 以下の論文は本論でも言及している「集合体 aggregation」「集合リソース aggregated resource」「プロキシ proxy」の理解に役立つ。萩原和樹＋三原鉄也＋永森光晴＋杉本重雄「放送コンテンツアーカイブのためのメタデータモデル構築」（『情報基礎とアクセス技術』116(4)、情報処理学会、2014、1-9頁）。ただし、本論は階層構造をともなった「アーカイブズ」を考察対象としており上記論文とは考察対象の性質が異なる。

8. 'The Europeana Data Model for Cultural Heritage'. URL=http://pro.europeana.eu/files/Europeana_Professional/Share_your_data/Technical_requirements/EDM_Documentation/EDM_Factsheet.pdf

9. 'Europeana Data Model Primer(14/07/2013)', p. 5. 圏点と〔〕内の補足は筆者による。URL = http://pro.europeana.eu/files/Europeana_Professional/Share_your_data/Technical_requirements/EDM_Documentation/EDM_Primer_130714.pdf

10. 'Encoded Archival Description Version 2002 Official Site'. URL=http://www.loc.gov/ead/

11. 'Europeana Data Model Primer', p. 10.

12. Ibid.

13. Steffen Hennicke, Marlies Olensky, Viktor de Boer, Antoine Isaac, Jan Wielemaker, 'Conversion of EAD into EDM Linked Data', in *Proceedings of the 1st International Workshop on Semantic Digital Archives, Berlin, Germany, September 29, 2011*, p. 83. URL=http://ceur-ws.org/Vol-801/

14. Ibid., p. 86.

15. Steffen Hennicke, Marlies Olensky, Viktor de Boer, Antoine Isaac, Jan Wielemaker, 'A data model for cross-domain representation: The "Europeana Data Model" in the case of archival and museum data' in Griesbaum, J., Internationales Symposium fur Informationswissenschaft 12, .H., Hochschulverband fur Informationswissenschaft eds. *Information und Wissen: global, sozial und frei?, vol. 58*, vwh Hulsbusch, Boizenburg, 2011, p. 143.

16. Hennicke, Olensky, Boer, Isaac, Wielemaker, op. cit., p. 83.

17. 'Europeana Fashion'. URL=http://www.europeanafashion.eu/

18. 'About Europeana Fashion'. URL=http://www.europeanafashion.eu/portal/about.html

19. Henk Vanstappen, *Guidelines to the Europeana Data Model - Fashion Profile (EDM-FP) Addendum to deliverable 2.2*, 2012, p. 6.

20. Hennicke, Olensky, Boer, Isaac, Wielemaker, 'Conversion of EAD into EDM Linked Data', p. 88. 〔〕内は筆者による補足

21. 安藤正人は「サブシリーズ『質地小作』の下に置いた『質地証文控』は、あくまで目録編成上の項目であり物理的なまとまりを意味しない」(203頁)として、物理的編成とは異なる知的編成を許容している。ただし「オリジナルな形態がどのようなもので、それをどのように整理したかという点を明確に記述し、アイテム・レベルへの道筋をわかりやすく示すこと」(216頁)の重要性も同時に述べている。出典＝安藤正人『記録史料学と現代──アーカイブズの科学をめざして』(吉川弘文館、1998)。

22. 'WorldCat'. URL=https://www.worldcat.org/

23. 弁護士の福井健策は「権利者探しのシステムと先ほどの孤児著作物指令、そして本体であるデジタルアーカイブ『ユーロピアーナ』は 三位一体」と述べて、欧州における法体制の再検討をヨーロピアナとの関係で論じている。出典＝福井健策『誰が「知」を独占するのか──デジタルアーカイブ戦争』(集英社新書、2014、177頁)。

24. Rachel Clarke, 'Preservation of Mixed-Format Archival Collections: A Case Study of the Ann Getty Fashion Collection at the Fashion Institute of Design and Merchandising' in *The American Archivist, Vol. 72, No. 1*, Society of American Archivists, 2009, pp. 185-196.

25. Ibid., p. 191.

26. Ibid., p. 188.

27. 'About, Mission & Collections, The New School Libraries & Archives'. URL=http://library.newschool.edu/about.php

28. 'Archives & Special Collections, The New School Libraries & Archives'. URL=http://library.newschool.edu/speccoll/index.php

29. 「ケレン・デザイン・アーカイブズは、デザイン、デザイン研究、デザイン史の分野における一次資料を抱える。20世紀米国のファッション、インテリア、グラフィック・デザイン、環境デザイン、イラストレーション、写真、プロダクト・デザイン、デザイン教育の分野にとくに力を注いでいる」。URL=http://library.newschool.edu/speccoll/collectionTypes.php?typeId=11

30. 「パーソンズ機関コレクションは、記録、写真、印刷物、音声、展覧会カタログ、学生の作品、パーソンズの教員と総務課が作成したそのほかの資料を含む。パーソンズの組織記憶を構成するために、このコレクションは1896年の設立から現在までの大学史を統合して、追跡する」。URL=http://library.newschool.edu/speccoll/collectionTypes.php?typeId=1

31. 'The New School Archives Digital Collections'. URL=http://digitalarchives.library.newschool.edu/

32. 'FIT Gladys Marcus Library'. URL=https://www.fitnyc.edu/library.asp

33. 'Special Collections & College Archives'. URL=https://www.fitnyc.edu/8412.asp

34. 'Collections, FIT Library'. URL=https://www.fitnyc.edu/8416.asp

35. 'Manuscript collections, FIT Library'. URL=https://www.fitnyc.edu/12500.asp

36. 「350件のマニュスクリプト・コレクションは、19世紀末から1980年代までのアメリカ人デザイナーを中心とした50万点以上の紙資料を含む。ブロードウェイやハリウッドの制作物を実現した小さなサンプル・スケッチによって、ニューヨーク7番街の衣料産業での仕事が大々的に再現される」。URL=https://www.fitnyc.edu/8416.asp

37. 'Collections & Archives, University of the Arts London Library Services'. URL=http://www.arts.ac.uk/study-at-ual/library-services/collections-and-archives/

38. 「アーカイブズ&スペシャル・コレクション・センター」は映画やデザインを専門としており、スタンリー・キューブリック・アーカイブズを含む。'Archives & Special Collections Centre, University of the Arts London Library Services'. URL=http://www.arts.ac.uk/study-at-ual/library-services/collections-and-archives/archives-and-special-collections-centre/

39. 'Archives and Special Collections Guide, University of the Arts London'. URL=http://www.arts.ac.uk/media/arts/study-at-ual/library-services/documents/Archives-and-Special-Collections-Guide.pdf

40. 'Archives and Special Collections Online Catalogue, University of the Arts London'. URL=http://archives.arts.ac.uk/Calmview/default.aspx

41. 'Collections & Archives, University of the Arts London'. URL=http://www.arts.ac.uk/study-at-ual/library-services/collections-and-archives/london-college-of-fashion/

42. 'Special Collection, Royal College of Arts'. URL=http://www.rca.ac.uk/more/special-collections

43. 'First Professor of Fashion's Rare Papers Boost RCA's Special Collections Archive'. URL=http://www.rca.ac.uk/news-and-events/news/first-professor-of-fashion-rare-papers/

44. 'Describing Archives: A Content Standard, Second Edition (DACS)'. URL=http://www2.archivists.org/groups/technical-subcommittee-on-describing-archives-a-content-standard-dacs/dacs

45. 「ケレン・デザイン・アーカイブズ」目録の多くはアーキビストのウェンディ・シェアーによって作成されている。'Wendy Scheir, The New School Archives Digital Collections'. URL=http://digitalarchives.library.newschool.edu/index.php/Detail/people/1320001

46 *ISAD(G): General International Standard Archival Description, Second Edition*, ICA, 2000. URL=http://www.icacds.org.uk/eng/ISAD%28G%29.pdf

47. *ISAD(G)*, p. 36.

48. *A Glossary of Archival and Records Terminology*, Society of American Archivists, 2005, pp. 217-218.

49. グリーンとマイスナーによれば、目録の記述レベルは一様に統一する必要はなく、「コレクションの概要」「シリーズごとの範囲と内容」「シリーズごとのコンテナ・リスト」の三点がアクセスを保証するための「最小許容記述 minimum acceptable description」である。Mark A. Greene and Dennis Meissner, 'More Product, Less Process: Revamping Traditional Archival Processing', in *The American Archivist, Vol.68, No. 2*, Society of American Archivists, 2005, pp. 246-247.

50. 'John Weitz papers, 1945-1998'. URL=http://library.newschool.edu/speccoll/findingaids/pdf/KA0047.pdf

51. 'Norman Norell collection, 1941-1974'. URL=http://library.newschool.edu/speccoll/findingaids/pdf/KA0035.pdf

52. 'Adri fashion design business records, 1967-2007'. URL=http://library.newschool.edu/speccoll/findingaids/pdf/KA0107.pdf

53. *Describing Archives: A Content Standard, Second Edition*, Society of American Archivists, 2013, p. 21. URL=http://files.archivists.org/pubs/DACS2E-2013_v0315.pdf []内は筆者による補足。

54. 'C&A Archive'. URL=http://archives.arts.ac.uk/CalmView/TreeBrowse.aspx?src=CalmView.

Catalog&field=RefNo&key=CA

55. 'VADS: the Visual Arts Data Service'. URL=http://www.vads.ac.uk/index.php

56. 筆者が専門とする建築分野のアーカイブズも20世紀末に実施された大規模な資料整理によって「建築レコード」のモデル化が図られた。その経緯は以下の論文で詳細に論じている。齋藤歩「建築レコードの目録編成モデル ── 『スタンダード・シリーズ』から考える」(『GCAS Report』Vol. 3、学習院大学大学院人文科学研究科アーカイブズ学専攻、2014)。

57. Clarke, op. cit., p. 194.

58. Clarke, op. cit., p. 192

59. 「より多くの成果を、より少ない作業で ── 伝統的なアーカイブズ整理法を改良する」と題されるこの論文では、限られた時間で未整理資料を減らしてアクセス可能にするために、従来の資料整理を再検討している。Green and Meissner, op. cit., pp. 208-263.

60. 'Preserving the Ann Getty Fashion Collection', October 21th, 2009. URL=http://blog.fidmmuseum.org/museum/2009/10/this-blog-has-highlighted-many-examples-of-garments-from-the-fidm-museum-collection-showcasing-their-value-as-primary-source.html

p

『Europeana Fashion IPR Guidelines』翻訳にあたって

『Europeana Fashion IPR Guidelines』は、絵画、書籍、写真、映画、地図、ファッションなど多岐にわたる文化資産をデジタルアーカイヴするヨーロッパの電子図書館「Europeana（ヨーロピアナ）」が公開している、ファッションにおける知的財産権（Intellectual Property Rights = IPR）に関するポイントを整理したガイドラインである。ファッションに関するデジタルデータをいかに収集し、利用者にとって利用しやすいように公開していくか、というアーカイヴの観点からまとめられている点が特徴である。

著作権法などの法律は原則として国ごとに適用されるものである。本ガイドラインもEU諸国における法適用を前提に作成されているため、本書の内容がそのまま日本にもあてはまるわけではないことには注意が必要である。

それでも、なお本ガイドラインを翻訳しようと思い立った理由は、ファッションに関する法的な枠組みが世界中でそう大きくは変わらないからということと、そのような対象（＝ファッション）の法的な枠組みが変わらないなかでも、アーカイヴという観点からはヨーロピアナが優れて先見的な試みを行っていることが日本でも参照されるべきであるからということが大きい。また、本ガイドライン自体がクリエイティブコモンズ・ライセンスで公開されていることなど、ヨーロピアナが強固なオープンソースの思想とその実践に貫かれていることも感じ取ることができる。

なお、ファッションにおけるオープンソース性については、本書の第3号に掲載されている拙稿「ファッションにおける初音ミクは可能か？── オープンソース・ハード「ウェア」としてのファッションの可能性」をご参照いただきたい。

先に述べたとおり、本ガイドラインは日本において直接的に適用できる内容ではないが、日本での同種の取り組みにおいての参照として、そしてファッションを主導するヨーロッパにおける先行する試みとして

参考になる。特に、権利者が不明ないわゆる孤児作品や、権利処理が困難な場合にいかなる対応ができるのかという点については、日本と法制度が異なることを差し引いても十分意義があるものと感じている。そして、この意義はファッション以外の分野におけるアーカイヴにおいても示唆に富む内容となっている。

　ファッション関係者にも、アーカイヴ関係者にも、ぜひご一読いただきたい。

　今回残念ながら、私の力不足により原本にある有益な図表や補遺の一部（補遺A〜F）については、翻訳を掲載することができなかった。ここであらかじめお詫びしておきたい。

　さいごに、本ガイドラインの英語版はインターネット上で公開されているが、日本語版も同様にネット上に公開されることが望ましい。図表や補遺の残りの翻訳や公開に協力していただける方は、下記メールアドレスまでご連絡いただければうれしい。

翻訳者を代表して

水野祐（弁護士、シティライツ法律事務所）
tasukumizuno@citylights-law.com

Europeana Fashion IPR Guidelines

翻訳:水野祐/高橋由佳/岩倉悠子

Contents

S1 イントロダクション
S2 本ガイドラインの用語と定義
S3 重要な権利に関する論点及び考察
S4 知的財産:一般的なルール
S5 ヨーロピアナ・データ交換協定
S6 権利者から許諾を確保する方法
S7 リスクマネジメント
S8 補遺
S9 参考情報

—

1. イントロダクション

<u>1.1</u>
ヨーロピアナファッションは12カ国の22のパートナーから構成されている実践的なネットワークである。パートナーには、ヨーロッパで有数のファッション業界を牽引する団体・機関やデザイナー、フォトグラファー、権利管理団体などが含まれている。

このネットワークは、オンライン上で、700,000以上のファッションに関連するデジタルデータをヨーロピアナのウェブサイトに統合させる

ことを第一の目的としている。これにより、ヨーロピアナのウェブサイトでは、共有知と高度な専門知識を一つの場所に集約させるだけでなく、ファッションを我々の文化遺産や社会史において不可欠なものとして、また、クリエイティブ産業を牽引する存在としてその立場を強めることを企図している。

1.2
このプロジェクトにおいて重要な目的は、可能な限りオープンアクセス[1]の条件下でコンテンツを利用可能なものとしていくことにある。また、そのコンテンツは、できる限り権利者からさらなる許諾を得ずに無料でアクセスでき、かつ、二次利用を可能とするものであることが望ましい。この状況が担保されてこそ、オープンアクセスという目的が実現されるからである。

1.3
このガイドラインは、プロジェクトパートナーの協力を得て作成されている。そして、ヨーロピアナファッションおよびプロジェクトのファッション・ポータルサイトに提供されたコンテンツの権利について、プロジェクトパートナーとしての最適なマネジメント方法を示している。

1.4
このガイドラインは、作品を使用するために権利者の許諾を得る際に生じるハードルについて検証している。例えば、一つの作品に対して複数の権利が存在する場合や、異なる作品がどのようにしてさまざまな種類の権利や(権利の)保護期間に服するのか、などをリスクマネジメントの観点も加味して検討している。

1.5
ヨーロピアナのライセンスの枠組みは、ヨーロピアナのウェブサイトおよびヨーロピアナファッションのポータルサイト(以下、合わせて「ヨーロピアナファッション」という)に対してデータ提供を行うパートナーとサイト利用者との関係の調整をはかる機能を果たしている。また、このガイドラインは、データを提供するパートナーが負う重要な責任についても

説明している。

【注意】
ヨーロピアナファッション・プロジェクトに協力するパートナーは、異なる国内法の影響下にある。このガイドラインは、パートナーたちが国際協定(例えば、1886年に成立した文学的及び美術的著作物の保護に関するベルヌ条約。(以下「ベルヌ条約」という。))およびヨーロッパ指令(例えば、EC指令「2001/29」の情報化社会における著作隣接権の特定の側面の調和策に関するヨーロッパ指令)を理解することを目指している。しかしながら、このガイドラインは複雑なテーマを単純化することを目的としており、法律的な助言を構成するものではない。このガイドラインは多岐にわたる各国法令をすべてカバーすることを意図しているわけではないため、パートナーたちはそれぞれが属する国の国内法を理解する必要がある。

-

2. 用語と定義

このガイドラインの目的に従い、下記の用語を以下のように定義する：

<u>権利管理団体</u>
権利者の法的権利を代理し管理する責任を負う、法律または契約によって作られた組織

<u>コンテンツ</u>
ヨーロピアナファッションに提供されたメタデータ画像／オーディオビジュアル作品

<u>クリエイター</u>
著作権または著作隣接権によって保護される作品の作者

<u>著作権</u>
さまざまな異なる種類の作品を、無許諾の複製や使用から保護する排他的な財産権

<u>データ</u>
ヨーロピアナファッションに提供されるメタデータ画像およびプレビュー画像

<u>デジタル表現</u>
有形物を含むプレビュー画像またはオーディオビジュアル作品

<u>意匠権</u>
さまざまな異なる種類の作品における立体的な構成要素を無許諾の複製や使用から保護する排他的な財産権

<u>デューディリジェンス</u>
権利者を追跡するための書面化された手続

<u>ヨーロピアナファッション</u>
ヨーロピアナのウェブサイトおよびヨーロピアナファッションのポータルサイト

<u>IPR</u>
財産権として売買、相続、または譲渡することが可能な知的財産権

<u>GLAM</u>
美術館、図書館、アーカイブ機関、博物館

<u>大量生産品</u>
50以上の複製品が制作され、かつ、商用利用される芸術作品

<u>著作権対象物</u>
著作権によって保護されるアイデアの具体的表現

<u>孤児作品</u>
著作権の存在する作品であって、その著作権者が不明もしくは追跡不可能な作品

<u>メタデータ</u>
しばしば「データに関するデータ」として言及される、情報源を示すデータ

詐称通用
他人の商品や営業であるかのように見せかけて誤認させる行為を防止する権利を認める慣習法の一種

許諾
さまざまな方法で作品使用をするための、権利者の同意

プレビュー
著作権対象物のサムネイル画像

権利者
その作品における法的な権利保有者であり、その作品の使用時に許諾を得る必要がある者

リスクマネジメント
許諾が得られていない場合、または権利者が追跡できないが著作権で保護された作品を使用する際に、伴うリスクの度合いを決定するために行われる実践的なアプローチ

商標権
ある製品の出所を識別する独占排他的な権利であり、権利者以外の者が使用した場合に権利侵害となるもの

美術工芸品
一般的に、芸術的または美的な性質を備えたハンドメイド作品であり、世間で芸術作品として認識されているものであって著作権の保護対象となるアイデアの有形的表現

3. 重要な権利に関する論点および考察

<u>3.1　知的財産権とファッション</u>

3.1.1
ファッションは、世界を主導するクリエイティブ産業の一つである。ファッション産業は、単に社会的および文化的役割を担う衣服としての存在から、芸術や美意識の表現としての存在へと変化を遂げてきた。本書で概説する通り、ファッションについて認められる法的保護は通常、著作権、意匠権、商標権によるものである。場合によっては、記録物における実演家の権利も存在しうる。

3.1.2
（知的財産権を規定する）知的財産法に加え、法律により作品の使用方法が左右されるケースが他にも多数存在している。その中には、プライバシー、データ保護、情報公開、わいせつ表現などの問題が含まれるが、このような法律問題の範囲は国ごとに異なるため、関連する国内法令を必要に応じて参照する必要がある。

<u>3.2　許諾の確保：考慮すべきこととは？</u>

3.2.1
ヨーロピアナファッション・プロジェクトの一部として提供されているメタデータと画像プレビューは、画像、文書、オーディオビジュアル素材、ウェブページやPDFなどのデジタルコンテンツを含むさまざまな作品を網羅している。

3.2.2
権利者全員から許諾を確保するため、プロジェクトパートナーは合理的な努力を尽くすことが要求される。ある著作物について権利の状況を

確認したり、複層的な権利の束についてすべての権利者を特定し、または追跡することは、時に困難な作業になることだろう。すべての権利者からの許諾がおりない場合には、パートナーはこのガイドライン内のリスクマネジメント・ガイドライン(本ガイドライン7参照)を使用し、自身とその他すべてのプロジェクトパートナーたちのリスクを軽減するよう努めなければならない。

3.3 ヨーロピアナ・データ交換協定(The Europeana Date Exchange Agreement (DEA)):デジタルコンテンツおよびメタデータに関する権利の情報

3.3.1
すべてのプロジェクトパートナーに適用されるヨーロピアナ・データ交換協定(DEA)は、以下の2つのシンプルな原理に基づいている。

1. データ提供者は、ヨーロピアナに対し、ヨーロピアナに提供する画像プレビューを公開する権利を許諾する。ただし、そのプレビューは、そのプレビューに関連する「the edm: rights」(訳者注:データ提供者が著作権対象物の権利状況について表明を行った権利のこと。詳細は本ガイドラインの5.2.2参照)において再利用を許容しない限り、第三者により再利用されることはない。

2. ヨーロピアナに提供されるすべてのメタデータについて、データ提供者は公開する権利をヨーロピアナに対して許諾する。これは、クリエイティブコモンズ・ゼロ(CC0)の条件、つまり「いかなる権利も保有しない」という条件下にて行われる。またこの許諾は、ヨーロピアナに提供されたすべてのメタデータが、制限なしに第三者によって再利用されることが可能であることを意味する。

3.3.2
コンテンツを提供したパートナーは、ヨーロピアナに提出したメタデータ内に記述されたデジタル表現について、著作権の権利状況に関

する表明をするよう求められる。どの権利に関する表明を利用すべきかについては、セクション5.3のガイドラインにて説明される。

3.3.3
パートナーはDEA2.3条に記載されている下記の点に留意する必要がある。
「データ提供者はコンテンツに係る知的財産権について、正確なメタデータをヨーロピアナに対して提供するよう最善の努力を尽くす責任を負う(パブリックドメインであるコンテンツをパブリックドメインであると特定することを含む)。パートナーはまた、DEAにおける「メタデータ」の定義について熟知しておく必要がある。DEAでは、メタデータを「ハイパーリンクを含むテキスト情報であって、コンテンツの特定や理解、説明、管理のために存在するもの」と定義している。

<u>著作権対象物のデジタル表現における権利はいつ生まれるのか?</u>

3.4.1
パートナーは、利用するライセンスを検討する際、パブリックドメイン(著作権による保護の対象外)である著作権対象物に関するデジタル表現に存在する著作権に関して、自国の法制度に精通している必要がある。これは、作品に対する適切なライセンスの条件を見極めるために重要である。

4. 知的財産権：一般的なルール

<u>4.1　知的財産とは？</u>

4.1.1
知的財産は財産の一種である。物理的な財産と同様に、売買、相続その他移転が可能であり、非常に価値のある資産となりうる。

4.1.2
世界知的所有機関（WIPO）はIPRを「知的創作物。すなわち、発明、文学及び芸術作品や、商用利用されているマーク、名前、画像、意匠」として定義づけている。

4.1.3
主に知的財産（権）は著作権、意匠権、商標権、特許権、データベース権に分類される。これに関する詳細情報は、補遺A「WHAT IS PROTECTED BY INTELECTUAL PROPERTY?」を参照（訳者注：未訳）。

<u>4.2　著作権とは？著作権が保護するものとは？</u>

4.2.1
著作権は「固定された」表現の創作物として特定の文学、音楽、芸術作品を保護する。また著作権は著作者に対し、作品公開時の複製、改変、頒布、公開の許諾や禁止を決定する独占的権利を付与する。また著作権は、映画、放送、録音物、印刷物についての保護も行う。

4.2.2
ベルヌ条約2条（1）によると、文学・科学・芸術領域におけるすべての制作物が、その表現の方法や形を問わず「文学的・美術的著作物」に含まれている。例は下記の通りである。

・本、パンフレット、その他の書き物
・講義、演説、説法、その他同種のもの
・演劇または演劇的要素のあるミュージカル
・舞踊作品、パントマイムショー・楽曲(歌詞付含む)
・映画撮影法に類似する制作過程を経て表現された作品と同等の映画作品・スケッチ、絵画、建築、彫刻の作品
・版画、リソグラフィー
・写真撮影に類似する制作過程を経て表現された作品と同等の写真作品・応用美術作品
・イラスト、地図、図面、スケッチや、地理学・地形学・建築学・科学に関する3D作品

4.2.3
ベルヌ条約は、応用美術作品および工業デザイン・工業モデル作品に対する著作権法適用範囲や保護条件に関する決定権を、加盟各国に委ねている。これは加盟国が、応用美術作品保護に対して適用する法域を選択できるということを意味する。例えばイタリアのように著作権法か意匠法のどちらか一方を選択することも可能であるし、オランダのように著作権法と意匠法の両方を選択することも可能なわけである。このような選択の自由が与えられた結果、ヨーロッパにおいても加盟国間でかなり異なる状況が生まれることとなった。しかしながら欧州司法裁判所は、欧州連合基本条約における無差別原則に基づき、作品は原産国に関らず関係加盟国の国内法に従い保護されるべきであると決定している。

4.2.4
このガイドラインによれば、デジタル画像またはデジタル画像が示す著作権対象物が知的財産権による保護の対象である場合は、著作権、意匠権、または著作隣接権によって保護される。補遺Bでは大部分のヨーロッパ加盟国も採用する、イギリスにおける著作権保護について主要なカテゴリーを例示している(訳者注:未訳)。

4.2.5
(著作権で保護される)作品は、著作者によって制作されたという意味

で「オリジナル」でなければならない。この基準は、フランスのような大陸法(コモンローとの対比におけるシヴィルローのこと)の国々において、「著作者」が「知的創作物を所有する者」とされていることに帰する。この考え方は、著作者の労働に対する経済的価値よりも、著作権に対する哲学的なアプローチを優先して反映しているものといえるだろう。

4.2.6
作品の種類によって著作権が適用される期間は定まっている。詳細は、補遺Bの「WHAT IS PROTECTED BY COPYRIGHT AND HOW LONG DOES IT LAST?」を参照(訳者注:未訳)。

4.2.7
著作権は第三者に譲渡される場合があるため、著作権の法的な権利保有者が必ずしもその作品のクリエイターではないということに留意すべきである。

4.3　誰が著作権を保有するのか?

4.3.1
原則として、その作品を制作したアーティストがその作品における最初の著作権保有者となる。オランダのようないくつかの国においては、従業員の雇用期間中に制作された作品に関しては、その従業員の雇い主が最初の著作権保有者となることを法律で定めている。

4.4　著作権を保有する者はどのような権利を持っているのか?

4.4.1
ある作品に著作権が発生する場合、権利者は自身の作品の使われ方をコントロールすることができる。

許諾を確保する必要がある場合

- コピー(例:写真を撮る)
- 公衆に対する複製の発行(例:販売のために本を印刷する)
- 公衆に対する公開(例:ブログに画像を公表する)
- 上演(例:舞台での作品上演または作品の展示(芸術作品は除く))
- 有償・無償のレンタル(例:画像のライセンシング)
- 改変(例:ヨーロピアナサイト掲載用にテキストの翻訳を行う)

上記の権利については、下記のような行為が認められている:

- 譲渡:第三者に対して著作権に関する一切の権利を譲渡すること
- ライセンス:著作権を保持したまま、作品のさまざまな利用方法について第三者に対して許諾を与えること(例:V&Aエンタープライズは、特定の利用規約のもと、我々の画像の使用を一般に許可している。)

4.4.2
国内法において、無許可で作品が使用できる場合を定める例外規定が存在する可能性があるので、パートナーは詳細な指針について各国内法を参照すべきである。

4.4.3
(財産権としてしばしば知られる)著作権に付随して、クリエイターには人格権も付与される。人格権はクリエイターの名誉または名声、そして作品の完全性について保護し、作品をクリエイターに帰属させる権利を含んでいる。つまり、名誉を毀損するようなあらゆる作品の取り扱いからクリエイターを保護するものである。人格権は譲渡することができないが、イギリスやアイルランドのような国々においては、放棄することが可能である。

4.4.4
コンテンツ(またはコンテンツに描写されている作品)の著作権または人格権が第三者に属する場合、パートナーは権利者からの許諾を得る

ために合理的な努力を果たす責任を負う。

<u>4.5　意匠権</u>

4.5.1
ファッション用品(fashion garments)やアクセサリーは、意匠権によって保護される場合がある。意匠権はクリエイターに対して、意匠(形・線・素材などの立体的な構成要素)を一定の期間、商用利用可能とする権利を付与する。意匠権は、複雑な法領域である。意匠は、EUにおいては、自動的に発生する著作権とは異なり、登録することが可能であるが、この意匠を保護するための法律(の仕組み)はEU加盟国ごとに異なっている。理事会規則(EC) No. 6/2002 では 2003年に欧州「Community」意匠制度として、登録手続きが必要な「The Unregistered Community Design Act」と登録手続きが不要な「the Registered Community Design」を導入した。The Unregistered Community Design 制度では最大3年までの保護を与え、意匠登録を行うことによってクリエイターは最大25年まで、その意匠の商用利用を可能としている。

4.5.2
「The Council Regulation on Community Design 2003」は、「製品自身および/またはその装飾品の、特定の線、外形、色彩、形、生地および/または素材の特性から生まれた製品の全てまたは一部の外観」を保護する。ここでいう「製品」とは「コンピュータープログラムを除く、機械または手で製作されたアイテム」と定義され、この中では「特に複雑な製品を組み立てるためのパーツ、包装、衣装、グラフィックシンボル、書体なども含む」とされている。

4.5.3
意匠に新規性と創作性があれば、「Community」意匠の保護範囲とみなされる。「Community」意匠が登録されれば、権利者には専用使用権が与えられ、無許諾の第三者の使用からその意匠を保護することができる。この場合の使用には、具体的に、その登録意匠が組み込まれた、もし

くは応用された製品の製造、提供、市販、輸入、輸出、利用、または、そのような目的のために製品の在庫を保管しておくことが含まれている。

どのような場合に意匠権が侵害されるのか？

意匠権侵害が成立するためには、その意匠をコピーしてレプリカを製作するか、もしくは、第三者が意匠をコピーしてレプリカを製造可能とする設計図面の製作を行うことが必要である。また、その行為はいずれの場合にも商業目的であることが条件である。意匠権（それ単独で）は、単にその作品の写真撮影を行うことでは侵害されないので、その撮影したコンテンツは無許諾で、ヨーロピアナファッションへ提供することが可能である。

4.5.4
意匠権と著作権は時に併存する場合がある。例えば、靴は機能的なプロダクトであるが、それがグラフィックデザインによって装飾された場合は「芸術的な性質」を合わせ持つ可能性がある。このような場合は、そのグラフィックデザインは著作権によって保護されるので、この靴を複製するためには許諾が必要となる。

4.6 ファッション、著作権、意匠権

4.6.1
パートナーが提供する、ファッションアイテムに関するデジタルコンテンツの種類は多岐にわたることが予想される。上記の通り、大部分のデジタル画像やオーディオビジュアル作品は、それが保護対象の場合には著作権による保護を受ける。知的財産によってどのようにファッションが保護されうるかを理解するためには、下記の用語について考えてみる必要がある（訳者注：未訳）：

4.6.2
ベルヌ条約第2条に規定されている通り、すべての平面作品はその作品がオリジナルなものであれば、著作権によって芸術的・文学的作品として保護される。一方で、ファッション関連作品の立体的な態様についての保護の状況を、国内法やヨーロッパ法に基づいて確定することはさらに困難である。

例えば、フランスの知的財産法L.112-2条では、「衣服およびアクセサリーなどのファッション産業における創作物」を含む作品を具体的に列挙し、ファッション用品が「芸術作品」として保護されるよう、著作権の保護範囲の拡大を行っている。しかしその一方で、イギリスの著作権・意匠・特許法ではそのような明確な区別をしていない。

理論上は、その作品が「美術工芸品」とみなされるならば、イギリスにおいても、その作品は立体的な衣服またはアクセサリーとして保護されうる。

ただし、これは一点物でハンドメイドのオートクチュールの衣料品が想定されており、大量生産品は意図されていない。このような観点から、パートナーたちはファッション関連作品を利用する場合には、まず国内法を参照する必要があるだろう。

4.7 ファッションと著作権：イギリスにおけるオートクチュールと大量生産されるファッション

4.7.1
プロジェクトパートナーたちが属する各国の国内法は、前記のイギリスのアプローチとは異なる可能性がある。

4.7.2
イギリスの裁判所では、ファッションは法的な保護を認められにくく、機能的な目的のみが（その美的な価値よりも）考慮されてしまう傾向があるとされている。

4.7.3
イギリスでは、ファッションは以下のような基準に基づいて、異なるレヴェルの著作権保護が与えられている。

1. そのファッション用品／アクセサリーは芸術的性質を備えた、オーダーメイドの一点物か？
   （例：フィリップ・トレイシーがデザインした帽子）

2. その（芸術作品としての）ファッション用品／アクセサリーは50以上の複製が制作される工業プロセスを経て生産されているか？
   （例：限定生産されたドレス）

3. そのファッション用品／アクセサリーは芸術的性質を備えているか、または、それは純粋に着用する目的のためにデザインされているか？
   （例：着用目的かつ女性のシルエット補正目的でデザインされたディオールの新作コレクション）

4.7.4
ファッション用品が「美術工芸品」である場合、その作品はクリエイターの死後70年間保護される。同じファッション用品が大量生産品である場合、または単に機能的な衣服が意匠として登録され、かつ、50以上の複製が制作された場合には、それらの衣服に関する著作権は製造日から25年間存続することになる。

4.7.5
単に機能的にデザインされたファッション用品／アクセサリーは、意匠権によって保護される可能性が高い。

4.7.6
このようなファッションに関する許諾の確保を行うタイミングに関し、参考として、V&Aの最新のアプローチを紹介しよう。法的アドバイス

に従い、V&Aはファッション関連用品の画像を使用して出版したり、オンラインで公開したり、その他の美術館活動を行う前に、下記のようにして許諾の確保を行っている：（訳者注：未訳）

4.7.7
靴下のように、機能的な物で、かつ著作権で保護されるまでには十分な創作性がないファッション用品／アクセサリーについては、その他の知的財産権で保護されていたとしても権利者からの許諾は不要である。

4.7.8
商業的利用の場合でも、使用目的に沿った許諾を権利者から得る必要がある。

4.7.9
美術館側がリスクアセスメントを行い、その結果低リスクであるとみなされた場合は対象作品を公開することもありうるが、その多くは作品の文化的価値が商業的価値を上回る場合である。

<u>大量生産された芸術作品に関するイギリスの改正法案</u>

イギリスにおいて制作された作品を保有するパートナーは、下記の点に注意すべきである。

大量生産された芸術作品に関し、イギリス著作権法において近年いくつかの法改正があった。大量生産された芸術作品に関する著作権は、権利存続期間が、25年間から、デザイナーの生存期間中に加え、その死後70年間までに延長されたのだ。つまりこの延長により、かつては許諾の確保が必要とされなかったはずの作品についても、デザイナーからの使用許諾を取得する必要が出てきたことになる。

この法改正は、遡って適用されるわけではない。ただし、改正前の法律において期限切れとなった著作権が保護する大量生産品の芸術作品は、

「デザイナーの存命期間およびその死後70年間」がまだ経過していない場合は、この延長期間が適用されることになる。改正法の施行日はまだ保留であるが、EU法と一緒に、2014年10月29日以降に効力が発生する予定である

4.8 著作隣接権

4.8.1
著作隣接権は欧州指令(2006/115)を通してヨーロッパ内で定義されている権利であるが、この欧州指令は著作権に関連する特定の権利とともに、"rental and lending rights"(実演家、音楽家、映画製作者、放送事業者などに発生する著作権関連権利としてのミニマムな保護パッケージ)に関する規定を調整する役割を果たしている。欧州指令によって保護される著作隣接権には、複製、改変、放送、公衆への伝達、頒布の権利が含まれている。尚、著作隣接権によって恩恵を受けるのは、実演家、レコード製作者、映像制作者、放送事業者である。

4.8.2
著作隣接権の権利者が恩恵を受けるのは、例えば、ある曲がファッションショーで使用された場合である。このような場合、実演家とその曲のレコード製作者の権利は、録音後50年間保護されていた。しかし、最近あったEC法の改正(欧州指令2011/77)により、2013年11月以降、実演家とレコード製作者は70年間の保護期間を享受することになったので、この点は留意されたい。また、すべての実演家は作品に対して人格権を有している。

4.8.3
対象作品に第三者のコンテンツが寄与していた場合、プロジェクトパートナーは、実演家とそのコンテンツの権利者との間で必要な合意を交わしているかを確認する責任がある。

<u>4.9　データベース権</u>

4.9.1
ウェブサイトのページ、デザイナーのブログ、その他のウェブベースのコンテンツは、データベース権によって保護されうる。このデータベース権とは、データの収集や、編集によって個々の情報にアクセス可能になったマテリアルに関する権利である。データベースはこのデータベース権または文字作品として著作権によって保護されうる。この2つの違いは、著作権が著作者の創造性を保護している一方で、データベース権は「情報の入手・検証・提示」に際して必要となる相当の投資について保護している点にある。データベースが著作権によって保護される例として、手間隙をかけて丁寧に選ばれたテキストや画像が含まれるウェブページが挙げられる。他方で、ファッションデザイナーの問い合わせ先リストのようなものは、データベース権によって保護される可能性が高いだろう。

4.9.2
データベース権は、公開された年から15年間、もしくは私用データベースにおいては完成した年の翌年から起算して15年間存続する。この権利は、データベースの更新時に生じる追加料金を支払えば権利を更新することができるため、永遠に存続可能な権利である。

<u>4.10　商標権</u>

4.10.1
商標権は、ファッション産業において最も強力な知的財産を保護するための手法であり、近年では永久に存続可能なブランド力を示すケースが数多く存在している。その例として、Louis Vuitton Malletier, S.A. とAkanoc Solutions. Inc.による裁判（Louis Vuitton Malletier, S.A. v. Akanoc Solutions. Inc., 658F.3d936(9th Cir. 2011)）が挙げられるが、これはウェブ上におけるルイヴィトンのロゴの不正利用に関するものであった。

4.10.2
商標の最も重要な目的は、自他商品の出所を識別する機能であり、第三者が対象の商品やサービスに対して出所を保証する形で同一商標を使用した場合に商標権侵害となる。(例:ヨーロピアナファッションのロゴ)

4.10.3
提供されたコンテンツや作品がデジタルコンテンツによって表現され、知的財産の保護対象である場合、それらは著作権によって保護される可能性が高いだろう。しかしながら、プロジェクトパートナーは、ヨーロピアナファッションにどのコンテンツを提供するか決定する際に考えておかねばならない、いくつかの著作隣接権についても理解しておくことが重要だ。

4.10.4
すべてとは言えないものの、ほとんどの場合において、商標を表示するデジタル作品については許諾が必要とされない。これは、ヨーロピアナファッション・ポータル上で商標の表示を含んでいたとしても、サイトを見た者が商品やサービスの出所の表示であると混同しないからである。ただし、ファッションデザイナーのファッションショーを撮影・録画したオーディオビジュアル作品、または、ニックナイトによるShow Studio(https://showstudio.com)のような新しいデジタルメディアプラットフォームにとっては、名前が商標登録されている可能性のあるクリエイターから許諾を得ることは必須である。

4.11 孤児作品

4.11.1
孤児作品とは、著作権によって保護されるが、その権利者が不明または捜索不可能である作品のことである。あらゆる場合において、作品の権利者を追跡し、その許諾を得ることが望ましいが、状況次第では不可能なこともあるだろう。法的には、孤児作品はその権利者が特定されるまでは使用することができない。そうなると、多くの孤児作品を保有する

文化施設は、作品の展示や複製、保存を行うことができないことになってしまう。これまで、そのような文化施設を運営する団体は、しばしばその作品の制作理由に関する調査とともに孤児作品のリスクアセスメントを実施してきた。例えば、最新のファッションに身を包んだグループが路上で撮影されている写真の場合、この写真の社会的・文化的価値は商業的価値を超えていると判断されうる。その結果、団体はリスクをとってその写真を公開するという決断に至る可能性がある。

4.11.2
孤児作品の限定的使用に関し近年採択された欧州指令（2012年10月25日発表）では、権利者の特定・探索のための入念な調査が実施された後であれば、孤児作品の非営利の利用を許諾することを規定している。ただし、この欧州指令は、公開済みの文学作品、オーディオビジュアル作品、録音物には適用されるが、応用美術作品には適用されないため、ファッションの分野においては限定的な影響しかもたらさないであろう。もし、ある文学作品に芸術作品が含まれていた場合、欧州指令は適用されない。この欧州指令は、遅くとも2014年10月29日までに、加盟国で施行されることとなる。

5. ヨーロピアナ・データ交換協定（The Europeana Date Exchange Agreement (DEA)）

5.1 ヨーロピアナ・データ交換協定（The Europeana Date Exchange Agreement (DEA)）とは？

5.1.1
ヨーロピアナ・データ交換協定（The Europeana Date Exchange Agreement (DEA)）は、ヨーロピアナファッションに対してメタメディアおよびプレビューを提供するパートナーとその利用者との関係を

良好に保つ役割を担っている。この協定では、データ提供者によってもたらされたメタメディアおよびプレビューがヨーロピアナおよび第三者によって利用される際の方法を提示している。[2]

5.1.2
ヨーロピアナ上で利用者に提供されたプレビューの再利用は、データ提供者が選択した元のライセンスの仕組みと同様のライセンス条件を前提としている。

5.2 コンテンツに関連する権利情報(edm:rights)

5.2.1
DEA第2条では、データ提供者に対し、(著作権対象物のデジタル表現に対する)知的財産権に基づいた正確なメタデータをヨーロピアナに提供するために、最大限の努力を尽くすよう求めている(これはコンテンツがパブリックドメインであることを特定することを含む)。

5.2.2
データ提供者には、著作権対象物の権利状況について表明が求められる。これは「edm:rights」としてヨーロピアナ・データモデルにて保管され、ヨーロピアナファッション・ポータルにおいて使用されるプレビューに対しても同様のライセンスが適用されることになる。デジタルの著作権対象物一つに対して一つの表明のみが適用され、利用者が検索結果を絞り込むための情報としても使用される可能性がある。

5.3 利用可能な権利に対する表明

5.3.1
プレビューに表示される対象物の権利状況に関する表明には、以下の4つの種類が存在する:

1. パブリックドメイン・マーク
プレビューに表示される対象物が著作権で保護されていない場合、もしくは著作権の権利期限が切れている場合に使用される。

2. クリエイティブコモンズ・ライセンスもしくはCC0
データ提供者が権利者である場合、6つのクリエイティブコモンズ・ライセンスから一つ、もしくは、CC0を選択することが可能である。権利者から許諾を得られた場合には、コンテンツの再利用が可能となる。(下記5.4.3参照)

3. 権利を留保していることの表明
データ提供者が同時に権利者であって、使用許諾を与えなくともコンテンツの再利用を可能とすることを望んでいる(もしくは権利者より再利用の許諾を得ている)場合、そのデータ提供者は3つの権利留保の表明の中から一つを選択することができる

4. 権利状況が不明確な場合の表明
この表明は、デジタルデータの著作権の状況が不明確な場合に使用される。この表明はできる限りの調査を行ったうえで必要となった場合にのみ、使用されるべきものである。

5.3.2
種々の権利表明に関する詳細情報は、下記に公開されている:
http://pro.europeana.eu/web/quest/available-rights-statements

5.4　クリエイティブコモンズ・ライセンスとオープンライセンス

5.4.1
オープンライセンスは、第三者に対し、わずかな制限がある状態、またはまったく制限がない状態にて、作品の再利用を許諾するものである。これは、使用するたびに権利者から許諾を得なくても、その作品に対するアクセスと再利用が可能であるということを意味する。

5.4.2
クリエイティブコモンズ・ライセンスは、国際的に利用されているオープンライセンスの一つである。このライセンスは、権利者からの許諾をその都度もらわなくとも、複製、再利用、頒布、また場合によってはその作品の原作品の改変を許諾するものである。このライセンスはヨーロピアナにおけるメタデータ要素のライセンスの枠組みに組み込まれている。パートナーは、可能な限り、ヨーロピアナファッションに提供するコンテンツに対しオープンライセンスを利用する利点を理解しておくことが重要である。

5.4.3
クリエイティブコモンズ・ライセンスには6つの異なる種類のライセンスが存在する。詳細情報は下記を参照。

http://creativecommons.org/

5.4.4
下記の表（訳者注：未訳）は、完全な権利保持から権利的にオープンなパブリックドメインの状態までに及ぶ、コンテンツの「オープン度」を示している。

5.4.5
権利者から、最も権利的にオープンなライセンスを付与する許諾を確保することは難しいかもしれない。しかしながら、プロジェクトパートナーは、その都度許諾を得ることなしに、可能な限り多くのプラットフォーム上でコンテンツを再利用したり、共有することに対して許諾を得るように考慮すべきである。ヨーロピアナファッション初の「Wikimedia編集ハッカソン」の最近の成功は、オープンライセンスを利用することの恩恵をさらに享受する形となった。

http://www.europeanafashion.eu/2013/04/04/europeana-fashion-edit-a-thon-nordiska-museet-sweden-wikimedia-wikipedia/

5.4.6
更なる指針は補遺K「クリエイティブコモンズとオープンライセンスに関するF.A.Q」(p.149)を参照。

6. 権利者から許諾を確保する方法

6.1　一般的考察

6.1.1
第三者が権利を保有する作品のデジタル表現を使用する際に許諾を確保することは、パートナーの義務である。なお、これは、著作権または著作隣接権によって保護されると判断されるすべての作品に対して発生する義務である。

6.2　権利者からの許諾を確保する必要がある場合

6.2.1
プロジェクトパートナーがヨーロピアナファッションに対して作品を選定する際、下記のような複数の要素を考慮する必要がある。

1. その作品は著作権により保護されているか、もしくは、その他の知的財産権によって保護されているか？
2. その作品はいつ制作されたか？
3. その作品が著作権に保護されている場合、その使用は許諾された条件に沿うものであるか？
4. その作品を制作したクリエイターは特定されているか？
5. そのクリエイターはどの国の国籍を取得しているか？（権利の存続期間は国によって異なる場合がある）
6. その作品はすでに公開されているのか？
7. 一つの作品において、複数の権利が存在しているか？（例）著作権と意匠権

許諾を確保する必要がない場合：

- 意匠権や商標権によってその作品が保護されている場合であって、その作品が主に実用的・商業的利用のために制作された場合(例)大量生産されたバックや靴
- 著作権が適用されない国でその作品が制作された場合
- その作品の権利者が不明である場合
※適用条件が異なる場合があるため、所属する国の国内法を確認する必要がある

6.2.2
補遺C、Dのフローチャート(訳者注：未訳)は、パートナーが、著作権または著作隣接権によって保護される作品であるかどうかを決定する際に役立つよう作成されたものである。これは、一つの作品に複数の権利が存在する際や、作品の利用前に許諾を確保する必要があるかどうかを判別する際、さらには、どのようなライセンスのもとでコンテンツを利用してもらうかを決定する際にも役立つ。

6.3　許諾確保のためにどの程度の時間と労力を費やすべきか？

6.3.1
どのようなプロジェクトでも初期段階においては、確保すべき許諾のため、時間、リソース、お金を費やすことは避けられない。例えば、ファッションショーのビデオクリップ一つをとってみても、映像ディレクター、プロデューサー、実演家などの複数の権利者を含んでいる可能性がある。

6.3.2
ヨーロピアナに提供されるコンテンツの中には、下記のような状況によって、他よりも許諾確保に時間を要する場合がある：

- 権利者に連絡する前に、その作品に権利が存在するのかどうかを明

確にする必要がある場合
・その作品に複数の権利および権利者が存在する可能性がある場合
・権利者が不明または探索不可能な場合
・権利者は判明しているが連絡に応じない場合
・権利者との条件交渉に時間を要する場合

6.3.3
プロジェクトパートナーは可能な限り、同じクリエイターによる作品をグループ化し、同時にすべての作品の許諾を確保すべきである。

6.3.4
補遺E、Fにおけるフローチャート（訳者注：未訳）は、パートナーに権利者の追跡方法および許諾確保の方法を理解してもらうために作成されたものである。補遺G、H（p.145, 146）では、丁重な方法で権利者に連絡し、許諾を確保するためのレターのテンプレートを提示している。

6.4 デューディリジェンスとは？

6.4.1
デューディリジェンスとは、「合理的なリサーチ」を行うために、権利者を探し出すことに対して負うべき手続的な努力のことを指す。これは、権利者の追跡または発見が不可能であって、その作品が孤児作品であると判明した状況において極めて重要になる。その際、いかなる場合においても、やりとりに関する書類および全通信・通話のデジタルデータを保存することは、プロジェクトパートナーにとって著作権侵害のリスク軽減に役立つだろう。また、どのような決断が下された場合でも、その日付を記録することは非常に重要である。そうしておくことで、法改正により生じた変更点の適用を拒絶しえるからである。また、欧州指令で定める孤児作品に照らして行うデューディリジェンスは書面化・記録化が求められるので、要請があった場合には証拠として提出することが可能になる。

6.5　デューディリジェンスの実行方法

6.5.1
ヨーロピアナファッションに提供されるコンテンツに関する権利調査の際、デューディリジェンスのチェックリストとして下記が挙げられる。

- 権利保有団体が著作権対象物に関する履歴ファイル、取得情報ファイル、登録簿を所有しているか
- 権利保有団体の収蔵物および資産管理システム
- 作品を所有するその他のファッション機関・施設があるか、そのファッションデザイナーのために撮影を行った他のフォトグラファーはいるか
- 新聞の広報部／写真部
- オーディオビジュアル素材専門の放送会社
- The WATCH（アメリカ／イギリスにおけるライターおよびアーティストの著作権保有者のデータベース）のファイル
  http://norman.hrc.utexas.edu/watch/
- Berg Publishers（ファッションライブラリー）
  http://www.bergfashionlibrary.com

6.5.2
上記リストは網羅的なものではなく、権利者からのクレームを必ずしも排除できるものでもない。しかしながら、出発点としては妥当なものである。

6.6　作品の著作権の保護期間が終了しているかを判断するための情報

6.6.1
著作権対象物の権利の存続期間を特定したいパートナーのために、オーストリア国立図書館によって組織されたEuropean Connectプロジェクトの一部として、国際法に関する機関であるKennislandとルクセンブルク国立図書館は「パブリックドメイン診断ソフト」を開発した。30

カ国分の診断(欧州経済地域のすべての国々)により、ヨーロピアナへのデータ提供者は、なにが保護条件に影響を与える複雑なルールとなり得るか理解しやすくなるだろう。

6.6.2
もっとも、上記のような電子ツールを利用した診断は、案件ごとに行う作品の権利状況の調査を代替するものとしては限界があると考えておいたほうがよさそうだ。また、複雑な状況に対しては、電子ツールを利用した診断に頼らず、専門家に法的アドバイスを求めることが常に有効である。

6.6.3
パブリックドメイン診断ソフトに関する詳細情報は下記参照。
http://www.web2rights.com/OERIPRSupport/risk-management-calculator/
上記URLでは、権利管理のために推奨される初期段階のポイントが紹介されている。

<u>6.7 権利管理団体に連絡をとる必要がある際、なにを考慮すればよいか？</u>

6.7.1
権利管理団体(または、ライセンスエージェンシーや著作権管理団体として知られる)は、法律や私人間の契約によって創設された組織である。権利管理団体は権利者の権利の代理や管理を行っている。ヨーロッパでは権利管理団体は、全会員に対して彼らの作品すべての独占的管理権限を譲渡するよう要求するのが通常である。

6.7.2
権利管理団体が代理を行っている権利者に対して、パートナーは下記の点を考慮するよう奨められている。

1. 権利管理団体が代理を行っているすべての権利者を特定する。
2. 許諾を必要とする利用方法を特定する。
3. 包括契約の一環として、著作権の全対象物の使用に対して許諾を確保する。
4. 権利管理団体から許諾を確保するための経費の合計金額を、おおよその見積予算としてプロジェクトに割り当てる。

6.7.3
補遺I(p.147)は、例として、The Netherland Institute for Sound and Vision(http://www.beeldengeluid.nl)が権利者からの許諾確保のために行ったアプローチを示したものである。

6.7.4
補遺J(p.148)は、許諾は確保されていないがリスクアセスメントによって使用することが決まったコンテンツを使用する場合に、オンライン上で公開しておくべき削除申請のテンプレートである。

—

7. リスクマネジメント

7.1 リスクマネジメントとは？

7.1.1
当該コンテンツに第三者の権利が存在するか明確化することは重要であるが、組織にとっては、許諾の確保を行うか、もしくはリスクマネジメントされたアプローチを行うかもまた、非常に重要な問題となる。これがうまくいかなかった場合、プロジェクトパートナーやパートナー団体を多くの危険や損害にさらすことになる。例えば、プロジェクトパートナーやヨーロピアナの評判を落としたり、権利者とプロジェクトパートナー間の関係を悪化させたりする危険性があるということだ。

7.1.2
リスクマネジメントに基づき、ある作品のデジタルデータを公開するという決断をする場面にも、いくつかの状況が考えられるだろう。例えば、アマチュアフォトグラファーによって撮影された写真であって、その写真が営利目的ではなく、社会史上の重要な時代をとらえたものとみなされるような場合である。

7.2 リスクを理解し管理する際に役立つ情報

7.2.1
パートナーが孤児作品を使用するリスクレベルを算定する際、リスクアセスメントの一部として「Web2Rights Right Management Calculator」が役立つだろう。Right Management Calculator、すなわちリスクマネジメント診断ソフトは、孤児作品の使用に関して、特定のリスクタイプを測定しうる諸要素を理解するために利用できる。詳細情報は下記を参照。
http://www.web2rights.com/OERIPRSupport/risk-management-calculator/

7.2.2
プロジェクトパートナーの属するそれぞれの組織では、リスクをどのようにマネジメントするかに関しておそらくポリシーを持っているだろう。これはヨーロピアナファッションに対して提供が可能となるコンテンツを決定する際の最初のステップであるはずだ。

---

1. オープンアクセスとは、インターネット上で誰もが情報を利用可能な状態に置いておくことをいう。

2. The Europeana Licensing Framework P7 http://pro.europeana.eu/files/Europeana_Professional/Publications/Europeana%20Licensing%20Framework.pdf

補遺G
権利者に対して許諾を求める際の丁重なレターサンプル

(名前と肩書きを記載)様

ヨーロピアナファッションとは、12カ国22のパートナーより構成される最も実践的なネットワークで、そのパートナーはヨーロッパで有数のファッションを牽引する団体・機関やデザイナー、フォトグラファー、管理団体などが務めています。
また、このネットワークは、ファッションに関連する700,000以上のデジタルデータへのオンラインアクセスを提供することを第一目的としています。このプロジェクトに関する詳細情報は、下記をご参照ください。
http://www.europeanafashion.eu/

さて、我々はあなた様が下記の作品について著作権の保有者であるということ、または、権利者の代理をしていると理解しております。

(作品に関する説明をここに記載)

我々は、クリエイティブコモンズ・ライセンスXXを使用し、ヨーロピアナもしくはプロジェクトファッション・ポータル上にて、上記作品の画像もしくはオーディオビジュアルを公開させていただきたいと考えております。我々は、このことにより上記作品のファッションコミュニティーに対する貢献を最大化できるものと考えます。
また、(X)という組織において下記のような目的のために、画像やオーディオビジュアル素材を使用させていただきたいと考えております。

目的：＿＿＿(X)＿＿＿

もしお許しいただけるのであれば、どのような使用許諾であっても、大変有り難く存じます。我々とヨーロピアナファッションパートナーはデジタル素材に対して何ら権利を主張することはありません。もし許諾をいただけるようであれば、どのようにクレジットを掲載すべきかご確認ください。

尚、我々は、(期限を記入)を期限として本件を進めているため、できるだけ迅速にご回答いただけますと幸いです。
このレターのコピー2通にご署名いただき、下記の住所までお送りください。これにより使用許諾の証となります。

(名前と住所を記入)

このたびはこの申し出をご検討いただき、誠にありがとうございます。
何卒、宜しくお願い致します。

署名
(プロジェクトパートナーの名前)　日付

署名
(権利者の名前)　　　　　　　　　日付

補遺H
権利者に対する丁重なレターサンプル

日付：＿＿＿＿＿＿＿＿＿＿

(名前と肩書きを記載)様

ヨーロピアナファッションとは、12カ国22のパートナーより構成される最も実践的なネットワークで、そのパートナーはヨーロッパで有数のファッションを牽引する団体・機関やデザイナー、フォトグラファー、管理団体などが務めています。また、このネットワークは、ファッションに関する700,000以上のデジタルデータへのオンラインアクセスを提供することを第一目的としています。このプロジェクトに関する詳細情報は、下記をご参照ください。
http://www.europeanafashion.eu/

このたび、(洋服やファッションアイテムの名前を記載)を使用した画像やオーディオビジュアルを選定しており、その中であなた様の作品を公開させていただきたいと考えております。作品は、クリエイティブコモンズ・ライセンスXXのもと、ヨーロピアナ及びプロジェクトファッション・ポータル上にて公開させていただく予定です。このことにより作品のファッションコミュニティーに対する貢献を最大化できるものと考えます。加えて、Xという組織において下記のような目的のために画像／オーディオビジュアルを使用させていただきたいと考えております。

目的： X

あなた様の作品を重要なデジタルアーカイブの一部として、扱わせていただければ大変光栄です。
我々やヨーロピアナパートナーが、デジタル化された素材に対していかなる権利行使もすることはありません。また、クレジットにはその作品のデザイナー／クリエイターのお名前を掲載させていただく予定です。

何卒、宜しくお願い致します。

補遺 I

ケーススタディー：The Netherlands Institute For Sound And Visionの場合

The Netherland Institute for Sound and Vision（以下、Sound and Visionという。）はヨーロッパにおいて最も大きなオーディオビジュアルアーカイブ機関の一つである。ここでは、700,000時間を超えるテレビ録画、ラジオ録音、音楽、映像に加え、20,000点もの著作権対象物（衣装を含む）、さらに250万以上の写真を収蔵している。

Sound and Visionは可能な限り多くの利用者に対してこのコレクションを利用可能とすることを意図しているが、すべてのものに対する権利を保有しているわけではない。ヨーロピアナファッションのようなプロジェクトにおいて利用する前には、できるだけ権利者からの許諾を得る努力をするべきだ。

権利者との契約を作成する

Sound and Visionは重要な権利者を特定し、コレクション内に複数の作品を提供する権利者に対して、包括契約の仕組みを整えてきた。（例：公共放送とOTP[3]）この契約はオランダ著作権法に基づいており、教育目的に係るすべての使用許諾を求める際に使用되るものだ。この包括契約は、利用者と権利者の間の一連の取引諸条件の骨子がまとめられており、下記のような内容が盛り込まれている。

- コンテンツをアップロードする前に、利用者は許諾を求めなければならない
- 利用者はストリーム配信でのみコンテンツを利用可能とすることが許可されている（ダウンロード不可）
- 権利者はそのコンテンツに対する適正な報酬を受け取る

この契約は、リサーチや許諾が行われる前に作成される。プロジェクト開始時にこの契約を取り交わすことによって、Sound and Visionはリソースを最大限利用し、二度手間を回避している。

Sound and Visionの許諾の求め方

Sound and Visionは、効率的かつ費用対効果がある方法にて許諾を確保するために、下記のようなステップを踏んでいる。

1. 一人の権利者による作品群を合わせてグループ化することによって、作品群全体について許諾の交渉を一度に済ませる。
2. 権利者との手間のかかるやり取りや、作品の現状等の問題領域を特定する。
3. 作品の利用を妨げる、デリケートな議題やプライバシーに関わる問題を特定する。

許諾が得られない場合にどうするか？

ごくまれなケースとして、Sound and Visionは権利侵害をする可能性のある事案を扱ったことがある。しかし、その際には可能な限りリスクを軽減することに成功している。これは、権利者側からの要請を尊重し、ミスが起こった経緯をしっかりと説明したことが大きな理由である。そのようにすれば、多くの場合、合意がまとまるまではコンテンツをオフライン にしておいてほしいというような権利者からの要求に応えると同時に、説明と謝罪をすることで済む

---

3. Onafhankelijke Televisie Producenten (independent television producers)

補遺J
オンライン上で公開しておくべき削除申請のフォーム

To:XXX（+ emailアドレス）
From:［申立人の名前、住所、電話番号、emailアドレス］

Re:［タイトルおよび言及される苦情を特定する固有の識別子］（苦情の主題）

1) 著作権／著作者の権利／著作隣接権の権利侵害の場合

a) 下記に挙げるものは知的財産権法により保護されている。

i)［具体的なコンテンツ、エディション、フォーマットがすぐに特定できるよう、保護対象物について可能な限り詳細に説明すること。また、知的財産権法の保護下にあるカテゴリー（例：文学演劇またはミュージカルの原作品やソフトウェア）を示し、「複製されたテキストを引用する」等、保護対象物の使用範囲を明確に特定すること。

b)

i) 私／私たちは、保護対象物について知的財産権を保有している、または、その権利の代理権がある。

ii) 私はその保護対象のクリエイターなので、同対象について人格権を持つ。

c) そこで、私／私たちはここに削除を申請する：

i) 保護対象物についての複製による無許諾の使用、および／または無許諾の利用可能化、および／または

ii) 氏名表示権、同一性保持権・名誉声望保持権といった人格権の侵害

2) 著作権および／または著作隣接権以外の権利に基づく苦情の場合

a)［苦情の性質を特定すること（例：名誉毀損、秘密漏洩、データ保護）］

b)［侵害を主張する根拠となる法律を特定すること］

c)［可能な限り詳細に、具体的なコンテンツを引用・特定して侵害されているコンテンツを説明すること］

d)［適用可能な法律に関して侵害の性質を説明すること（例：ある個人が正確に特定されてしまう可能性があるため、データ保護令違反となる）］

3) よって、申立人の苦情の主旨に基づき、私／我々はあなた／あなたがたの組織に以下を要求する。

a) 対象物をウェブサイトから取り除くこと

i) 対象物の今後一切の使用を中止すること

ii) 対象物を含むすべての商材を回収すること

4) 上記セクション3における要求に従う際に、私／我々にその旨通知することを要求する。

5) 申立人に関し、下記の追加証拠情報を添付する／提供する：［所有権の証明書など］

6) 申立人に関し、［(例：権利保護のためのその他行うべきステップ)を含むその他の関連情報］を提供する。

7) この通告に含まれた情報は正確であり、私はセクション1にて説明された保護対象物の公開、頒布、複製が、権利者や権利者のエージェント、法律によって許可されたものではない不正な行為であり、および／またはセクション2にて説明された法律を侵害していると信じている。

8) 本申請は、保護された権利やその他の権利に関するあらゆるやり取りまたは対応に影響を与えることなくなされるものである。

補遺K
クリエイティブコモンズとオープンライセンスに関するF.A.Q

1. クリエイティブコモンズ・ライセンスとは？また、異なるライセンスの意味するところとは？

以下のクリエイティブコモンズのウェブサイトをご参照ください。
http://creativecommons.org/ また、web2rightsについての詳細情報は下記のサイトをご覧ください。http://www.web2rights.com/SCAIPRModule/

2. フリーカルチャーとはどういう意味ですか？

クリエイティブコモンズ・アトリビューション（CC-BY）、クリエイティブコモンズ・シェア・アライク（CC-BY-SA）とパブリック・ドメイン（CC0）はフリーカルチャーライセンスと考えられており、ウィキペディアやウィキメディアへ画像をアップロードする場合にはこれらのライセンスを付与するよう求められます。
http://en.wikipedia.org/wiki/Definition_of_Free_Cultural_Works

3. NC（非営利目的の使用限定）ライセンスを付与しないクリエイティブコモンズを利用するメリットとは？

CC-BYとCC-BY-SAライセンスは、以下のような新しいメディアのプラットフォームを通じて対象コンテンツを利用し、流通させることを許可するものです。

- ブログ、ウィキペディア（ウィキメディアや検索エンジン含む）、その他主要な情報ソース
- 教育機関や慈善団体、教育関連プロジェクト
- ソーシャルネットワーク
- オープンメディアアーカイブス、オープンソースプロジェクト

また、以下はNCライセンスを付与した場合と付与しない場合のクリエイティブコモンズ・ライセンスの使用について検証した資料となります。
http://openglam.org/files/2013/01/iRights_CC-NC_Guide_English.pdf

4. ソーシャルメディアサイトでファッション画像がうまく利用された事例はGRAMコミュニティを通じて何かありますか？

はい。以下に列挙するリストは、権利保有者がコンテンツをシェアし、第三者の再利用を快諾する気持ちを促進させるような事例です。
http://www.intothefashion.com/2012/06/finest-2010wednesdayseptember-1.html
http://www.facebook.com/pages/CREL-RESTAURACION-DE-TEJIDOS/117519681662914
http://www.fashionhistorian.net/blog/
https://twitter.com/carminamery/status/304998768439336960 http://thehourglassfiles.com/?cat=3
http://blogs.smithsonianmag.com/threaded/
http://pinterest.com/search/pins/?q=momu
http://pinterest.com/mylusciouslife/historical-fashion-incl-edwardian-flapper-fashion-/

5. コンテンツをオンラインで利用可能とするためにフリーカルチャーライセンスを使用している機関／団体は存在しますか？

以下のリンクをご参照ください。
http://openglam.org/open-collections/

密やかに生成する文様

現代ファッションにおける日本の文様の行方

筧菜奈子

–

はじめに

　かつて日本は文様大国であった。源氏物語絵巻で描かれる華やかな平安の宮中生活から、浮世絵の活気あふれる江戸の庶民文化の描写に至るまで、じつに多様な文様が人々の衣服に息づき、画面を彩ってきた。

　しかしながら、現代において文様の姿を見かけることは多くはない。その理由のひとつには、衣服の西洋化があるだろう。日本において洋服は、明治時代に着用されるようになったが、太平洋戦争の終戦を機にさらに広まった。それとともに、日本人が長い時間をかけて育み、伝え、その身にまとってきた文様は次第に姿を消していったのである。しかし、まったくその姿を消したというわけではない。もちろんのこと文様は、現在においても着物に付されているし、はたまた日本の伝統を謳う主として外国人向けの土産商品に付されることも多々ある。文様は密やかにではあるが現代に息づいている。しかし、それらはもはや特異なものとして視線を向けられる対象であり、かつてのようにわれわれと日常をともに生きるものではない。このまま文様は過去の遺物となっていくのだろうか。現代における文様の新たな在り方を模索することはできないのだろうか。

　こうした問いを出発点に、本論では以下の二点を主に論じたい。一点目は、現代において文様が消失した理由を装飾史や社会史の変遷に従って明らかにすることである。そして二点目は、現代における文様はいかように考えられるか、その可能性を試論することである。そのため、本論は以下の構成をとる。

　まず第一節では、文様が使用されなくなった原因を探るために、広く

装飾史を俯瞰する。そこでは社会の変化とともに装飾や文様の持つ意味合いが変遷してきたことがわかる。また、それに伴って装飾や文様の研究も変革を余儀なくされたことが明らかにされる。

　第二節では、一節で明らかとなった社会の変化を踏まえたうえで、現代において装飾・文様はいかに思考されるべきかを広く考える。ここでは、主に1950年代から2010年代に至るまでの研究を辿ることで、新たな装飾の美学を検討していく。この期間に、装飾は美学・美術史的観点からだけではなく、文化人類学や動物行動学の観点からも検討されている。そうした議論を詳らかにすることは、日本の文様という限られた対象に対しても有効であろうと思われる。

　二節で得られた見解を踏まえ、最終節となる第三節では、具体的にその装飾の美学が日本の文様にどのように接続しうるのか、その可能性を検討する。ここでは、具体例としてプラダ2013年春夏コレクションとSOU・SOUのデザインを取り上げる。両者はともに、日本の伝統的文様を新たなかたちで取り入れており、本論の主旨に大きな示唆を与えてくれるだろう。そのうえで、改めて現代における日本の文様の在り方を思考したい。

―

1. 文様および装飾研究の展開

　本節では、文様が現在使われなくなった原因を明らかにするために、広く装飾史や社会史の変遷を検討していくこととする。そこで、文様とはなにかを問うことから始めたい。

　文様はしばしば模様と混同されがちである。しかしながら、両者は厳密な意味で使い分けられなければならない。模様は、ものの表面を飾るための視覚的図案である[1]。それはあくまでも視覚的な効果しか有していない。その一方で文様は、視覚的効果とともに意味作用をする記号的な側面を持つ図案と規定される。その意味作用は、主に呪術的効果や社会的地位の表明という目的をもつ。例えば古代中国皇帝が、その

装束に架空の霊獣の文様を付帯させていたのは、その神威や権力を顕示するためであるとともに、その霊獣の力が自らに宿ると信じていたためである。また、西洋の紋章や日本の家紋は、社会の中で特定の血縁や地縁集団に所属することの象徴として発達した[2]。あるいは、同じ文様でも、特定の集団において特異な意味を持たされることもある。例えば、ミシェル・パストゥローによれば、世界的に広く使用される縞文様は、中世の西洋社会においては疎外の印として作用していたと言う[3]。また日本における季節の文様や吉祥文のように、それを着用できる時期や行事などが厳格に規定される文様もある[4]。すなわち文様は、外部へ意味を発する記号であるとともに、それを使用する個人や集団の行動様式を限定し、行動に指針を与えるものでもあったのだ。

しかし時代の変遷とともに、呪術信仰は衰え、また階級社会から大衆社会へと体制も変化していった。そのため、装飾や文様に呪術的効果を求めることや、それによって身分の差異を表す必要も少なくなった。こうして文様は社会的な意味作用を失うとともに、稀有なものとなっていったのである。文様研究も必然的にこの動向に影響されることとなる。例えば日本における文様研究は、その起源・歴史的変遷を追うものが主流である。したがって、その研究は明治期頃までのものに限られ、大正期以後の文様研究の欠如という事態を招くこととなったのである。

しかし、研究の欠如という事態は、文様という限られた様態のみに起こっているわけではない。しばしば指摘されるように、それはより広義の装飾研究にもあてはまる事態である。装飾は地域を問わず古代より器や衣服、建物を彩る要素として行なわれてきた。しかしながら、それが美学ないし芸術学の観点から、研究対象として本格的に取りあげられるのは19世紀ウィーンにおいてである[5]。この時代には、各国固有の美術様式を調査するという目的で装飾の蒐集が積極的に行なわれたが、これと並行して、アロイス・リーグル（1858-1905）、ハインリヒ・ヴェルフリン（1864-1945）、ウィルヘルム・ヴォリンガー（1881-1965）らウィーン学派の研究者たちが様式論の一環として装飾を取りあげるようになった。これが装飾についての美学・芸術学的考察のはじまりとなる。

こうした装飾隆盛の動きは、19世紀後半のアーツ・アンド・クラフツ運動を生み、19世紀末から20世紀初頭に勃興したアール・ヌー

ヴォー、ユーゲント・シュティールといった、装飾を主要素とする様式を生み出していく。しかし時を経るにつれ、装飾様式の形骸化が指摘されるようになり、また生産の工業化によって、コストのかかる装飾過多な様式は批判されるようになる。建築家アドルフ・ロース（1870-1933）やル・コルビュジエ（1887-1965）らによる装飾批判は周知の通りである。彼らは、もの自体の形態美を重視していた。そのため、表面を飾り付ける装飾を、ものの本質を妨げる不合理で不必要なものと考えた。こうした考え方は、主に産業デザインの分野において支持され、以後広く流布した。周知のごとく、1919年に設立されたバウハウスもそのような動向のひとつである。バウハウスは、合理主義や機能主義の理論を導入することで、産業デザインの量産化を推進した。1960年以降、アール・ヌーヴォーに対する再評価やアール・デコの回顧展が各国で実施されるものの、装飾は主としてデザインの領域で思考される対象となった。現在のデザインは機能主義を維持しつつ、文様などの装飾の要素が再び取り入れられている。しかしながら、それらの装飾は、あくまでもデザインの目的を達成するための要素であり、その構造や意味について深く考察がなされることはない。

　そこで次節では、デザインの領域以外で、装飾や文様がいかに考案されてきたかを辿ることとする。これまで述べてきた通り、本来、装飾や文様は特定の社会や民族が形成した文脈に深く根付いたものであった。そのため、その構造や意味を考察するためには、デザイン的観点のみからでは不十分であり、新たな観点を導入する必要がある。そこでまず、文化人類学の観点から装飾について考察を行なったクロード・レヴィ＝ストロース（1908-2009）の論考を検討することから始める。またその論考に重要な示唆を受けながらも、動物行動学の視点を取り入れることで、新たな装飾の美学を呈示する現代の研究にも目を配りたい。これらの研究から明らかになる装飾の在り方は、現代における日本の文様の在り方にも重要な視座を与えてくれるだろう。

2. 新しい装飾の美学

　前節で見た通り、社会的身分や四季を表すものとしての文様は、ある特定の時代や場所で通用する記号としての役割を担っていた。このように、装飾や文様を記号学的観点から捉え、その役割を検討する代表的なものとして、レヴィ=ストロースの研究が挙げられるだろう。レヴィ=ストロースは1935年に、ブラジルのカデュヴェオ族の身体装飾について考察を行った[7]。カデュヴェオ族は、顔面や身体にジェニパポという木の実の汁で絵を描く習性を持っている。描かれる図像はレヴィ=ストロースによって「アラビア風模様」と表現されるように、線的で極めて抽象的なものである[8]。これらの塗飾は以下のような二重の意味を有している。

　　顔の塗飾は先ず、個人に人間であることの尊厳を与える。それは、自然から文化への移行を、「愚かな」動物から文明化された人間への移行を果すのである。次に、カーストによって様式も構成も異なるこの塗飾は、複合的な社会における身分の序列を表現している。このようにして顔面塗飾は、或る社会学的機能をもっているのである[9]。

すなわち、カデュヴェオ族の装飾は、人間性の証と民族内の序列の二つの意味を示す社会的記号なのである。そして最終的にレヴィ=ストロースは、これらの塗飾を、読むことはできないが意味を持つ文字、すなわち「到達することのできない黄金の時を叙述する神聖文字」[10]になぞらえるに至る。

　この見解に示唆を受け、海野弘(1939-)はさらに、装飾の持つ意味と構造を明らかにするためには、装飾と言語の関係を明らかにする必要があると考える[11]。海野によれば、装飾や文様は、象形文字や絵文字といった意味作用をする視覚的イメージと近しい形態を持っている。

装飾もまた、ソシュールが分析した言語の二つの水準、ラングとパロールに近似した水準を持っている。ある壺の唐草文は、その背後に唐草群のヴォキャブラリーと文法を持ち、ラングの水準に組み込まれているとともに、この具体的な壺という語に発語された唐草というパロールの一回性をもあらわしている[12]。

しかし、海野はこのように装飾と言語の類似関係を考えながらも、そのあいだに横たわる深淵について忘れてはならないと喚起する。「装飾における意味とは、イメージ性においてある意味である。つまり空間的な意味であり、〔……〕言語に先行するところの空間的思考を指向しているのである」[13]。

一方で、海野の6年後に出版されたエルンスト・ゴンブリッチ（1909-2001）の論考[14]では、装飾の記号的側面は否定されることとなる。ここでゴンブリッチは、建築やデザインにおいて装飾が記号的に用いられてきたということを次のように否定する。「装飾モチーフが象徴的意味をもつことがあるという考察から、どのモチーフでも本来的に象徴として感じられたと結論するのは、早計過ぎる。もっとも、これらの意味は歴史の流れの中で失われている」[15]。それゆえ、装飾の役割は、ある特定の意味を伝えることにあるのではなく、その反復や秩序だったリズムによって全体的な雰囲気をつくり出すことにあると結論づけられる[16]。

ここから明らかになるのは以下のことである。つまり装飾の研究史においては、1970年代を境にして、装飾の記号的側面よりも視覚的側面、すなわちその感性の問題が重用視され始めたということである。では、いかにして装飾を感性や美の問題として思考すれば良いのか。管見の限り、ゴンブリッチ以降そのような問いに答える研究はなされてこなかった。しかし近年、こうした問題に答えようとする研究がフランスの二人の学者によって着手されている。トマ・ゴルセンヌ[17]およびベルトラン・プレヴォー[18]の研究である。両者は、これまでのような文化人類学的、記号学的観点に加えて、新たに動物行動学の観点を取り入れることを提唱する。その議論を以下で詳しく追ってみよう。

先に見たカデュヴェオ族の例と同様に、中世キリスト教においても、衣服を着ること、あるいは身体に装飾を施すことこそが人間性の証明

であった。それは、自然的存在である動物と、文化的存在である人間の境界をなすものである。このような考え方は、非常に長い時間、地域を超えて共有されてきた。しかし、ゴルセンヌやプレヴォーは、このように人間／動物の区別をなすものとして装飾を捉える考えを否定する。なぜなら、動物もまたその身を飾るからである。動物はその体表に、種や個に固有の模様や装飾を持つ。進化論の理論では、こうした動物の装いは、種の保護や生殖のために存在すると理解されてきた。しかし、動物学者アドルフ・ポルトマンの見解に従えば、それだけでは自然の多様性をすべて説明することはできない。動物の身体装飾は、時としてその身を危険にさらすほどに過剰でもあるからだ。そこでゴルセンヌは、「自己顕示」[19]が動物の装いの主目的であると考える。それは、まさしく人間のファッションの主目的でもあるだろう。ゆえに、その意味においては人間と動物のあいだに差異は存在しない。すなわち、「この見通しにおいては、人間が動物であるから、人間は身を飾るのである」[20]ということになるのだ。

そのうえでゴルセンヌは、レヴィ゠ストロースのような、装飾を単純にコード化して解釈する記号学的観点には限界があると指摘する。そうした観点では、装いを抽象的・文化的・精神的なものとしか見ることができない。それは人間における言語学の優位と、それに伴う視覚の劣勢を反映させた考え方である。このような考えでは、動物の装いについて考えることはできない。またなによりも、装いをその真の目的、すなわち魅惑や魅力、自己顕示といった目的から、すなわち美の問題から考えることはできないのだ。

それでは、装いと美との関係はいかに思考しうるのか。ここでゴルセンヌが引き合いに出すのは形態発生の考え方である。動物の装いは宇宙の普遍的法則である物理的諸力の作用の結果として生成する。それはあらかじめ美という目的を達成するために生じたものではなく、成長や器官の発達とともにでき上がった偶然の産物である。しかし、この物理的諸力の結果こそが、われわれにとって美の原則として感知されることが可能なものなのだ。

　　ポルトマンが多かれ少なかれ、美的意図——装いの構成要素——
　　と同一視していたものは、形態発生によって、物理的な諸力の結

果として解釈される。その諸力の効力は、芸術の領域の中にその等価物を見つけるのであり、またそれゆえにその諸力は美の原則として感知されることが可能である[21]。

一方でプレヴォーは、ゴルセンヌの自然主義的偏向を指摘しつつも、自らの議論を展開するにあたって、その理論的意図の共有を表明する。プレヴォーが問題とするのは、ゴンブリッチ以前、装飾の美が他の存在物とのアナロジーにおいて語られてきたということである。例えば、宝石は天体と似ているから美しいなど、装いは他のなにかに似ているからこそ美しいと考えられてきた。しかしこのモデルでの思考は不十分である。なぜなら、AとBの類似を考えるとき、その連続性は現実にあるものではなく、いわば恣意的なひとつの虚構に過ぎないからである。プレヴォーが、「実際、世界の秩序に装いを結びつけるためには、多くの場合、装いを単純化し、規則的かつ幾何学的な形へと還元しなければならなかった」[22]と語るように、世界の秩序との類似関係によって装飾の美を説明することは、装飾を単純化し、その特異性をすべて消し去ることになる。

それでは、いかなるアナロジーによっても説明されることはない装飾の美とはなんだろうか。ここでプレヴォーはジル・ドゥルーズ（1925-1995）とフェリックス・ガタリ（1930-1992）に依拠しながら「非有機的〔anorganique〕」という概念を呈示する。

> 装いの効果は有機的でも無機的でもなく、非有機的であるような間隙において、まさに展開する。〔……〕18世紀後半の女性のかつらは、同時代人たちの嘲笑を誘わざるをえなかったような突飛さによって知られている。度を超して、彼女たちは羽や真珠、リボン、さらに船の模型、あらゆるもので自らを飾り付けた。しかし単純なつけ毛でもなく、また髪の毛の帽子でもないのなら、かつらとは何なのか。そこでは、被り物と髪型が中和されることで、毛髪の非人称的で非有機的な特徴が可能となっている[23]。

かつらは髪の毛によってできており、身体に直接付加されるものであるから、完全に無機的なものではない。とはいえ、それは自らの髪

の毛でできているわけでも、頭蓋骨の形に沿うものでもないから、完全に有機的なものとも言えない。かつらは、身体そのものからは区別され、同時に有機的なあらゆる形や物質からも独立する非有機的なものなのである。それゆえに、このかつらはあたかもこぶのように自立的に発展しうる。

> こうした非身体的な出来事こそが、装いをコスミックな役割にあてがい、世界との現実的な連続性を描くのである。そうして身体と装いを衝突させてしまう体制から、その外的な喧噪から離れ、コスミックな連続性、つまり世界への生成変化のネットワークに入り込んでいけるだろう[24]。

したがって装飾の美は、アナロジーによってではなく、あくまでもそれ自体として自立し、世界の一部へと生成する力を持つ限りにおいて獲得されるのである。

　ここまで、現在に至る装飾の変遷を辿ってきたが、これらは広く装飾全般にまつわる思考であった。それでは、より狭義に、日本の文様についてはいかに思考しうるのだろうか。ゴンブリッチのように文様の記号的側面を捨象し、感性的側面のみを見るということは、文様を単なる模様へと化すということになりかねない。そこで次節では、ひとつの試論を行ないたい。すなわち、ゴルセンヌやプレヴォーの思考の枠組みを取り入れることで、記号ほど意味作用と密接に関与しておらず、しかし模様ほど意味と無関係ではない、その中間の状態にある文様——プレヴォーの言葉を借りれば、いわば非有機的な文様——について試論したい。それは、即自的に存在し、新たな様態へと生成する文様の在り方を考えるということである。このような文様を探るべく、まず現代において日本の文様を活用している事例を検討し、その後、改めて現在の文様の在り方を論じていく。

3. 非有機的な文様に向けて

　2013年春夏のミラノ・コレクションはネオ・ジャポニスムと称されるような日本要素を取り入れたデザインが多く見られた。そのようなブランドとしては、エミリオ・プッチやジャンポール・ゴルチエ、ガレス・ピューなどが挙げられるが、なかでもとりわけ目を引くのが、プラダのコレクションである。プラダの主任デザイナー、ミウッチャ・プラダは、インタビューにおいて、コレクションのコンセプトが「ジャポニスム」であることを明確に語っている[25]。コレクションは黒、灰、白色を基調に構成され、着物のようなドレーパリーを持つものや、足袋を彷彿とさせる履物も散見される。ここで特に注目されるべきは、文様や家紋をモチーフにしたという花のデザインである（図1）。無地の布地に個別に、あるいは集合的に描かれる花は、その形態、構成ともにたしかに日本の文様を想起させる。しかしながら、特異であるのは、その

図1　《プラダ2013春夏コレクション》
プラダ公式HP〈http://www.prada.com/〉より抜粋

花の形態が既存の文様のいかなる花にも、あるいは現実に存在するいかなる花にも似ていないことである。さらに、この匿名の花の多くは、エアスプレーでふきつけられたかのようにその輪郭を曖昧にさせられている。そうすることで、厳格に輪郭づけられた伝統的な文様と比べて、一個の文様としてその存在を主張する力は弱められている。また、集合的な花々のデザインにおいては、その配置方法も、伝統的な文様の配置方法とは異なっている。伝統的な文様においては、個々の花々は一定の間隔を保ち、互いに重なり合うことなく配置される。そうすることで、一つひとつの文様形態がはっきり見えるよう工夫されたのである。一方、プラダのデザインする花々は、不規則に重なり合って配置されている。輪郭のぼかしも相まって、一個の形態というよりもひとつのエリアを形成するようかのようである。

　もうひとつ、京都のブランドSOU・SOUのテキスタイルデザインの例を挙げよう[26]。そのコンセプトは「新しい日本文化の創造」である。デザインを手がける脇坂克二が「日本には昔から魅力的な模様がたくさんあります。〔……〕この日本人が持っている素晴らしい感性を今に活かしていきたいと思っています」[27]と述べる通り、その商品には青海波や菊文様といったさまざまな日本の文様が使用されている。ここにおいても問題となるのは、やはり文様の輪郭と配置の規則性である。SOU・SOUのデザインにおいては、文様に画一的な輪郭を与えることは避けられているようである。多くの文様は太さが一定ではない線によってゆるやかに縁取られており、その配置の規則性も厳密に規定されてはい

図2　脇坂克二《SA-KU-RA-MA-N-JU-U》2006年
SOU・SOU公式HP〈http://www.sousou.co.jp/〉より抜粋

図3　《貼付棟梁地下足袋／文様あそび×さしこ　濡羽色2》
SOU・SOU公式HP〈http://www.sousou.co.jp/〉より抜粋

ない（図2）。また伝統的な文様では、意味の取り合わせの観点から決して組み合わされることのない文様同士が組み合わせられている点も特徴的である（図3）。色の組み合わせもナチュラルトーンに彩度の強い色彩を取り入れることで、現代らしい軽やかさと暖かみを演出している。すなわち、SOU・SOUのデザインにおいても、日本の文様の意味作用よりも、その感性的側面に重きが置かれているのである。

　以上より、プラダ、SOU・SOUともに文様をモチーフとしながらも、その感性的な側面を強めるために、伝統的な文様が持っていた文字のように厳格な輪郭や、規則的な配置を崩すようデザインされていることがわかった。それでは、これらの文様は、記号的意味作用を完全に失い、単なる模様と化してしまっているのだろうか。この点を検討するために、アンリ・フォションの装飾についての論考『形の生命』[28]を参照したい。

　同論考内でフォションは、装飾を生命になぞらえ、即自的に生成していくものと捉えている。こうした考えは前述のゴルセンヌやプレヴォーの論考と呼応するだろう。さらにフォションの論考が有益であるのは、記号と単なる形を厳密に区別する点である。曰く、「記号は意味を示す。ところが形はただ形そのものを示す」[29]。しかし、記号は形であるがゆえに、同一の意味を示しながらも、「太くも、ぶっきらぼうにも、ゆるやかにも、ばか丁寧にも、粗略にも」[30]表わされうる。そして、こうした記号の多様な変化の可能性は、やがてその形を意味から逸脱させることがあるという。

　　記号が意味のある形として横行しはじめると、もとの記号としての価値にたいして強い圧力をかけ、記号らしいところがすっかりなくなり、こうして逸脱した記号は、やがて向きを変えて別ものに生まれ変わるまでになる。これは形がハレーションを起こしたのである[31]。

こうした一種亀裂をもった形の例としてフォションはアルファベットの多様な装飾字体、東洋の書芸術を挙げる。これらにおいては、しばしばその文字が意味している内容よりも、その視覚的形態が重要となる。とはいえ、意味作用の側面は完全に無くなっているというわけではない。それは一時的に、その意味という内容物を失っているだけなのであ

る。そうした記号の形は、単なる形とは異なり、時を経てまた新たな内容を意味する可能性を孕んでいる。こうしたフォションの論によるならば、文様の形もまた別様のものへと生成変化する潜在力を有しているのだ[32]。文様とは、不変の意味作用をする記号でも、意味作用をまったく行なわない模様でもない。それは、自立した形としてさまざまな意味を示しつつ絶え間ないメタモルフォーゼをする形なのである。この時、ゴルセンヌの形態形成の論理や、プレヴォーの非有機的という概念は、日本の文様にも適用されうるのではないだろうか。すなわち、現代において、日本の文様は、意味作用を行なう記号と意味作用を行なわない模様の中間に位置しているのだ。すなわち、非有機的な文様である。先に挙げたプラダならびにSOU・SOUの用いる文様は、まさにこの非有機的な文様の状態を体現しているといえるだろう。両者の文様は、意味を内包する可能性を持ちながらも、その輪郭や配置を崩すことで、かつての意味を逸脱し、新たな形として生成しようとしているのである。

おわりに

　本論考の目的は、現代において文様が使用されなくなった理由を社会的変遷に従って明らかにすること、および現代における装飾の新たな在り方を試論することであった。以上の二点の検討を通して明らかになったことは、かつて呪術的あるいは社会的意味を持っていた文様が、現代においてその確固たる意味を失い、主に感性的な側面で感受されるようになったということである。しかしながら、ゴルセンヌやプレヴォー、フォションの見解を踏まえることで、こうした文様は単なる模様と化すことは決してなく、別様の形や意味を生成する可能性を持っていることも明らかになった。

　思い返せば、文様の記号的側面を重視した研究者たちは、みな最終的に文様の形それ自体が持つ力に圧倒され、少々の困惑のうちに筆を置くことが多かったように思う。本論で俎上にのせた海野然り、レヴィ

=ストロースもカデュヴェオ族の顔面塗飾の社会的意味作用を語る一方で、その繊細で微妙な曲線のえも言えないエロティックな効果に魅了されていた。パストゥローもまた、縞の文化的意味作用の変遷をくまなく辿った末、最終的に縞の形態それ自体が持つ、精神や感覚を混乱させてしまう筆舌に尽くしがたい力について語ることで論を結んでいる。おそらく文様とは、単なる形ではなく、そこに意味を付与せざるをえないような魅力を有した形であるのだ。われわれは現在、その意味を失くしたかのようにみえる文様と向き合っている。しかし、そうした文様は、また別様の意味作用を行うためのメタモルフォーゼの途上にあるのかもしれない。

筧菜奈子（かけい・ななこ）
京都大学大学院人間・環境学研究科博士後期課程。東京藝術大学美術学部芸術学科卒業。専門は20世紀美術史、装飾史。デザイナーとして、伝統的な日本の文様を現代に活かす活動も行なっている。

---

1. 模様と文様の差異を明らかにするために、以下の論考を参照した。加藤哲弘「文様研究の理論的基礎——リーグルによる「様式の問い」をめぐって」『美学論究』関西学院大学文学部美学科研究室、第24編、2009年、1-15頁。ここで加藤は、模様をpattern、文様をornament、装飾するという行為それ自体をdecorationという語で置き換えている。

2. 吉田光邦『文様の博物誌』同朋舎、1985年

3. Michel Pastoureau, *L'Étoffe du diable, une histoire des rayures et des tissus rayés*, Paris: Seuil, 1991〔『縞模様の歴史——悪魔の布』松村剛・松村恵理訳、白水社、2004年〕。

4. 佐藤理恵「小袖の文様とその変遷——14-16世紀」『被服美学』被服美学会、第18号、1989年、37-52頁

5. Cf. 鍵和田務「装飾文様に関する一考察（その1）」『実践女子大学家政学部紀要』実践女子大学、27号、1990年、27-34頁

6. Cf. Adolf Loos, "Ornament und Verbrechen," *Adolf Loos: Sämtliche Schriften in zwei Bänden – Erster Band,* herausgegeben von Franz Glück, Wien: München: Herold 1962, pp. 276-288, 1908〔『装飾と犯罪——建築・文化論集』伊藤哲夫訳、中央公論美術出版、2005年〕。および Le Corbusier, *L'Art décoratif d'aujourd'hui*, Paris: G. Crès et Cie, 1925〔『今日の装飾芸術』前川國男訳、鹿島研究所出版会、1966年〕。

7. Claude Lévi-Strauss, *Tristes Tropiques*, Paris: Plon, 1955〔『悲しき熱帯』（1）川田順造訳、中央公論新社、2001年〕。

8. レヴィ=ストロースはこうした塗飾を紋章学の用語で説明する。「パルティ（左右に等分）されたり、相称形にクーペ（裁断）されたりすることは稀で、よりしばしばトランシェ（右上から左下に斜めに二分）されるか、タイエ（対角線によって斜めに等分）され、あるいはまた、エカルトレ（十字線で四分）されたり、ジロネ（風車模様）になっていたりする。私は絵について語るのに、紋章学の用語を使っている。というのも、こう

した規則のすべては、どうしても紋章の原理を思い出させるからである」〔同上、331頁〕。

9. 同上、335頁

10. 同上、339頁

11. 海野弘『装飾空間論 —— かたちの始源への旅』美術出版社、1973年

12. 同上、280頁

13. 同上、280頁

14. Ernst Hans Josef Gombrich, *The sense of order A Study in the Psychology of Decorative Art*, New York: Cornell University Press, 1979〔『装飾芸術論 —— 装飾芸術の心理学的研究』白石和也訳、岩崎美術社、1989年〕。

15. 同上、398頁

16. 「装飾は〔……〕それから受ける全体的な印象で効果を出さねばならない」(同上、420頁)。

17. Thomas Golsenne, "Génealogie de la parure: Du blason comme modèle sémiotique au tissu comme modèle organique," *Civilisations*, Université libre de Bruxelles, vol. 59, 2011, pp. 41-58.

18. Bertrand Prévost, "Cosmique cosmétique. Pour une cosmologie de la parure," *Image Re-vues*, (10)2012〔「コスミック・コスメティック」筧菜奈子、島村幸忠訳『現代思想』青土社、1月号、2015年、152-176頁〕。

19. Golsenne, op. cit., p. 54.

20. Ibid., p. 52.

21. Ibid., p. 54.

22. Prévost, op. cit., 160頁

23. Ibid., 168頁

24. Ibid., 166頁

25. Cf. 「ミウッチャ・プラダにインタビュー『ファーを使うのは私なりの"挑発"』『WWD JAPAN.COM』」〈http://www.wwdjapan.com/fashion/2013/05/05/00004053.html〉、2014年12月30日アクセス。

26. SOU・SOUは「新しい日本文化の創造」をコンセプトにオリジナルテキスタイルを作成し地下足袋や和服、家具等を製作、販売する京都のブランドである。脇阪克二(テキスタイルデザイナー)、辻村久信(建築家)、若林剛之(プロデューサー)らによって2002年に設立された〔「SOU・SOU」公式HP〈http://www.sousou.co.jp/〉〕。

27. 脇坂克二「SOU・SOUのテキスタイルデザインについて」〈http://www.sousou.co.jp/textile/〉、2015年12月31日アクセス。

28. Henri Focillon, *Vie des Formes*, Paris: Presses Universitaires de France, 1955〔『形の生命』杉本秀太郎訳、平凡社、2009年〕。

29. 同上、12頁

30. 同上、13頁

31. 同上、12頁

32. そうした例として、フォシヨンは、かつて悪疫退治のまじないであった絡み合うヘビの記号が、引き写されるうちに次第にその意味を消失し、唐草文様となったことを挙げる(同上、16頁)。

なにがおしゃれなのか
ファッションの日常美学

松永伸司

　われわれは、日々の生活のなかでファッションアイテムや服装についてさまざまな評価を下す。その評価は、「かわいい」や「かっこいい」や「おしゃれだ」といったさまざまな概念を使ってなされる。またその評価の帰属先は、ショップの棚に並べられた個々のアイテムやマネキンが着ているコーディネートの場合もあれば、友人やショップ店員、読者モデルや街ゆく人の服装の場合もある。このように評価概念やその帰属対象は多様であるにせよ、われわれはしばしば、当の対象を見ることで生じたなんらかの印象とそれに対する満足ないし不満足の感情をもとに、それらの評価を行なっているように思われる。ファッションに対するこのような評価は、正当な意味で美的判断と呼べるものだろう[1]。

　本稿の目的は、このうちのとくに「おしゃれ」という概念を分析することによって、その概念が使われるときに実際に評価されているものを詳細に記述することにある。この分析を通して、ファッションについてなされる日常的な美的判断の特殊性の一側面が明らかになる。本稿は、日常の美学のひとつの試みであると同時に、ファッション文化を美的な側面から考えるためのひとつの観点を提供することを目指すものでもある。

−

1. 前提

　以下、「おしゃれ」という概念を対象に適用することを「おしゃれ判断」と呼ぶ。議論に入るまえに、本稿の前提を簡単に示しておきたい。

第一に美的判断の一種としてのおしゃれ判断の特徴づけ、第二に本稿の論点の限定、第三に本稿の学問的な背景と位置づけである。

<u>美的判断としてのおしゃれ判断</u>

　まず、おしゃれ判断が美的判断の一種であることを示そう。フランク・シブリー (Sibley 1959/2007; Sibley 1965/2007)による古典的な特徴づけにしたがえば、美的判断は、ある種の特殊なセンス —— 趣味 —— を必要とするものであり、それゆえ誰もが当然のようにできる判断というわけではない（例えば色の知覚のように容易に標準化できるものではない）。また、美的判断は、対象の局所的な性質の知覚に還元できるものではない。つまり、美的判断を行なうには、対象の全体的な性質を知覚する必要がある。さらにまた、美的判断は条件支配的なものでもない。言い換えれば、その判断において使われる概念の適用条件がまったく一般化できない（例えば、「しかじかの性質を持つならば美しい」といった条件が言えない）。しかしそれでも、さまざまな手段を用いて（例えば、見どころを指し示したり、その判断の中身を言葉で言い表わしたり、比喩を使ったりすることで）その判断をほかの人に説明したり伝えたりすることができる。

　おしゃれ判断がこれらの特徴を十分に持つことは明らかであるように思われる。なにかを「おしゃれだ」と判断することは、なんらかの概念的な適用条件に基づいてなされるものではなく、美的センスと呼ぶべきなにかを必要とするものだが、それでもその判断をほかの人に説明したり伝えたりすることができるものだろう。また、おしゃれさは、対象の部分に還元できるものではなく、その全体的特徴によって判断されるものである。本稿が取り上げるおしゃれ判断は、このような意味で正当に美的判断の一種である[2]。

　おしゃれ判断は、ふつう、その文脈としての流行に左右される。例えば、そのときどきの流行りのアイテムやテイストがなんであるかは、ある対象がおしゃれであるかどうかの判断にしばしば決定的な影響を与えるだろう。この事実は、おしゃれ判断が美的判断であることと相反するものではない。ケンダル・ウォルトン (Walton 1970)が的確に言う

ように、あるひとつの芸術作品について知覚される美的性質は、鑑賞者がどの「知覚的カテゴリ」を採用するかによって —— 言い換えれば、その作品をどの様式やジャンルに属するものとして鑑賞するかによって —— 変化する。これと同様に、ファッションにおけるそのときどきの流行りもまた一種の知覚的カテゴリとして機能しているという考えは、それほど不自然なものではないだろう。

　もちろん「おしゃれ」概念の適用がすべて美的判断であるわけではない。例えば、単にある特定の種類のアイテム（例えば伊達眼鏡）を身に着けているという理由だけで「おしゃれ」と呼ぶような場合、それは単に概念にもとづいた判断であって、いかなる美的センスの行使も要求されるものではない[3]。本稿は、この種の判断を議論から除外し、もっぱら美的判断としてのおしゃれ判断だけを扱う。

<u>論点の限定</u>

　本稿の論点をさらに明確に限定しておきたい。

　第一に、本稿が扱うおしゃれ判断は、ファッションに対するものに限られる。そこには、例えば「部屋がおしゃれ」とか「お店がおしゃれ」とか「おしゃれな音楽」とか言う場合の「おしゃれ」は含まれない。

　第二に、本稿における「ファッション」は、「衣服」（髪型や化粧やアクセサリーを含む）とほぼ同義であり、「流行のもの」といった含意はとくにない。たしかに、衣服の消費文化は一般に流行と強い結びつきを持つものだろう。また、そのことはファッションの重要な社会的機能のひとつを規定するものかもしれない[4]。しかし、この側面について本稿が論じることはない。

　第三に、本稿は、ファッションの消費の場面における日常的言説に一貫して焦点をあわせる。言い換えれば、本稿は、つねにエンドユーザーについて論じるものである。それゆえ、ファッションデザイナーやアパレル業界に焦点をあわせることはない。

　第四に、本稿は、「おしゃれ」概念の歴史を辿ることはない。その言葉が現在の用法を獲得するまでには興味深い経緯があると思われるが[5]、本稿が関心を持つのは、あくまでその語の現在における日常的な用法

である。同時に、本稿の議論は「おしゃれ」と類似の内容を持つ概念（例えば「stylish」や「いき」や「chic」）にもある程度同様に当てはまるものとして想定されている。つまり、本稿の関心は、「おしゃれ」という特定の語の通時的変化を追うことではなく、むしろ現代における「おしゃれ」という語の用法のうちに、ある種の美的判断が持つ一般的な性格を見いだすことにある[6]。

<u>ファッションの日常美学</u>

　本稿の背景と位置づけを説明しておく。本稿は、一方では、いわゆる日常の美学（everyday aesthetics）のひとつの試みである。伝統的に、哲学的美学はそのほとんどが芸術を扱うものであり、残りの例外は自然を扱うものであった。しかし、美的なものがその態度や経験によって特徴づけられる限りで、芸術や自然に限らずおよそあらゆるものが美学の対象になりうる。日常の美学は、そのような前提のもとで、われわれの身のまわりにある事柄を対象にして美学的な観察と記述を行なうものである。そこには、園芸やインテリアデザインや食文化などに加えて、ファッションについての美学もしばしば含まれる[7]。

　もちろん、日常の美学は、単に日常的なものを美学的な観点から考えるだけではない。それは、それらの日常的な事柄がそれぞれに持つ特有の美的な特徴を明らかにすることを目指すものである。本稿は、この点で正当にファッションの日常美学だと言えるだろう。本稿は、ファッションに対する日常的な美的判断に特有の事柄を明らかにすることを目的とするものだからである。

　本稿は、他方で、消費者研究の観点からアプローチするファッション研究の文脈に接続しうるものでもある。消費者研究のなかで、ファッションの消費を美的な側面から明らかにしようとする研究はすでに一定数ある[8]。本稿は、それ自体としては経験的研究ではないが、その種の経験的アプローチにとって十分に有用な概念的枠組みを提供するものとして意図されている[9]。

2. おしゃれ判断の対象

　以下、おしゃれ判断において実際になにが評価されているのかについて論じていこう。

　ファッションの文脈において「おしゃれ」概念が適用される対象は、さしあたり三種類に区別できる。個々のアイテム、その取り合わせ（つまりコーディネート）、それを身に着ける人である。われわれは、例えば、ショップに並べられている個々の服やアクセサリを指して「おしゃれだ」と言うことがある。一方で、マネキンなどを見て、アイテムの取り合わせの全体を「おしゃれだ」と言うことがある。さらに、ショップ店員を指して「おしゃれだ」と言うこともある。それぞれに分けて考えよう。

<u>アイテム</u>

　第一の種類については、評価の帰属先に関して取りたてて論じるべき特殊な問題はほとんどない。トップスやボトムスや靴であれ、帽子やマフラーといった小物類であれ、あるひとつのアイテムがそれ単独で「おしゃれだ」と言われるケースにおいて実際に評価されているのは、当のアイテムの視覚的性質（かたち、色、模様など）や視覚的触感（例えばテクスチャ）、あるいは場合によっては触覚的性質（例えば手ざわり）だけであり、それ以上ではない[10]。これは、ほかの標準的な美的判断──例えば「この花は美しい」や「あの花瓶は優美だ」──となんら変わるものではないだろう[11]。

<u>コーディネート</u>

　第二の種類、つまりコーディネート[12]に対する評価は、個々のアイテムについての評価ではなく、個々のアイテムがどのように組み合わ

せられ、またその組み合わせによってどのように全体としての調和や不調和をつくり出しているかについての評価である[13]。つまり、諸部分とその関係によってつくられる全体として構造化されている対象についての評価である[14]。この点で、この評価は、第一の種類とは異なる。とはいえ、それは、視覚的性質や視覚的触感についての評価であるという点では、個々のアイテムに対する評価と同じである。言い換えれば、第一と第二のケースは、いずれも当の事物の性質について評価している。

個々のアイテムに対するおしゃれ判断とコーディネートに対するおしゃれ判断のもうひとつの重要なちがいは、後者がふつうそのコーディネートが着せられるもの —— ある種の支持体 —— を必要とするという点にある[15]。コーディネートは、ふつうマネキンや人の身体に着せられたかたちで評価される。また、その評価はその支持体の特徴によってしばしば左右される。というのも、評価の焦点はあくまでコーディネートの取り合わせだとしても、支持体のあり方は、そのコーディネートの全体的な視覚的印象をつくり出すのに大きく寄与するからである。それゆえ、コーディネートに対するおしゃれ判断には、意識的なものではないにしても、身体への評価が暗に含まれている[16]。後述するように、支持体としての人の身体への評価を暗に含むという点において、おしゃれ判断は倫理的な問題になりうる。

<u>コーディネーションの行為</u>

「おしゃれ」概念は、アイテムやコーディネートといった事物だけではなく、人に対してもしばしば適用される。以下のようなケースを考えよう。

ある人Bが、友人Aの格好を見て「おしゃれだね」と言う。このBの発話は、一方で、その日のAのコーディネートに対する評価として解釈できる。つまり、「Aの今日のコーディネートはおしゃれだ」と言い換え可能なものとして解釈できる。この解釈では、Bの発話は第二の種類の評価の表明である。

しかし、この解釈が成り立たない場合がありうる。Bの発話に対し

て、Aが、その当のコーディネートが自分自身の意図的行為の所産ではないことを明らかにしたとしよう（例えば、Aは恋人や配偶者や家族にコーディネートしてもらったのかもしれないし、ショップ店員にすすめられた一式をまるごと買ってそのまま着ているのかもしれない。あるいは、なんらか不可解な理由で非意図的にその格好になっているのかもしれない）。もし、Bが単にコーディネートについて評価しているのであれば、Aの返答を聞いてもとくにその評価に影響はないだろう。というのも、そのコーディネートをもたらしたのが誰であろうが、その全体的な視覚的性質はそのままだからである。しかし、直観的に言って、この返答を聞いたBが前言を撤回しようと思うケースは十分に考えられる。そのように撤回する場合、Bは「おしゃれだ」と言うことで、Aのコーディネートというよりも、そのコーディネートをもたらしたAの意図的行為（以下「コーディネーションの行為」と呼ぶ）を評価していたことになる。Bの評価は、その行為が自分に帰せられるものではないというAの返答によって、その前提が否定されたわけである。

　もちろん、コーディネーションの行為に対する評価は、コーディネートに対する評価を前提している。「おしゃれだ」という発話によってその行為が評価されるのは、まさにその所産であるコーディネートがおしゃれだからである。その意味で、行為に対する評価は、その所産に対する評価をつねに含意する。しかし、逆はつねに成り立つわけではない。行為に対する評価ぬきに、取り合わせだけを「おしゃれだ」と評価するケースはありうる。

コーディネーションの能力

　コーディネーションの行為に対する評価は、さらに、単にその行為だけを評価するものと、その行為をする能力込みで評価するものとに分けられる。両者は、その評価に時間的な限定を付加できるかどうかという点で明確に区別できる。

　以下のようなケースを考えよう。AとBの友人Cが、Bの格好を見て「おしゃれだね」と言う。Cは、BのコーディネートがBの行為の所産であるという前提のもとでこの発話をしており、それゆえBのコーディ

ネーション行為を評価している。

さて、ここで、Cが単にBによるコーディネーション行為だけを評価しているとしよう。この場合、Cはその評価をするのに「おしゃれだ」の代わりに「今日はおしゃれだ」と言うことができるはずである。「今日は」という追加表現は、Cが言っていることをとくに変えるものではない[17]。というのも、いま評価されているのは、その日のコーディネートをもたらした行為だからである。

反対に、Cが、Bによるコーディネーション行為を評価するだけでなく、Bがそのような行為をする能力 —— ようするにコーディネーションのセンス —— を持つことを評価しているとしよう。この場合、Cはその評価をするのに「今日はおしゃれだ」と言い換えることができない。というのも、能力は一般に恒常的なものであって、今日だけ持ったり持たなかったりするようなものではないからである。「今日はしかじかの能力を持つ」という言い方は、少なくとも標準的なケースでは成り立たないだろう。

このように、「おしゃれ」概念によってコーディネーションの行為を評価するケースは、その評価に時間的な制限をかけられるかどうかによって、行為だけを評価するものと能力込みで評価するものに区別できる。もちろん、能力に対する評価は、行為に対する評価をふつう含意する。というのも、ある人におしゃれの能力があると判断するためには、実際にその人がおしゃれなコーディネートを自身の行為によってもたらしている必要があるからである。

ここまでの議論をまとめれば、おしゃれ判断において評価されうる対象は、少なくとも四種類（アイテム自体、その取り合わせ、行為、能力）あるということになる。この分析は、「おしゃれなもの」、「おしゃれな格好」、「おしゃれな人」といった言い方がすべて成り立つことをうまく説明する。

<u>自己の身体の客観視</u>

ここまでは、おそらくおしゃれ判断に特有の話ではない。ある事物やその取り合わせの全体を評価することは、美的判断のごく標準的な

ありかたである。また、美的な取り合わせをもたらす行為や能力が評価されることも、ファッションに限った話ではない。例えば、部屋の内装やかける音楽の選択など、およそ行為やその所産に対して「センスがいい」と評価することができるすべてのケースについて、同様のことが言えるだろう。そのようなケースでも、「センスがいい」という概念を使って、取り合わせそれ自体、それをもたらした行為、そしてその行為を恒常的に行なえる能力に対してそれぞれ評価がなされうる。

おしゃれ判断に特有の事柄はどこにあるのか。おそらくそれは、「おしゃれだ」という判断が、単にコーディネーションの行為や能力以上のなにかを評価しているという点にあるように思われる。

このことを示すために、以下のケースを考えよう。Cが今度はAの格好を見て「おしゃれだね」と言う。ここで、Bを評価したときと同様に、CはAのコーディネートがAの行為の所産であるという前提のもとでこの発話をしており、それゆえAの行為を評価しているとする（行為だけを評価しているか能力込みで評価しているかは問わない）。さて、Aは、Bに答えたのと同じように、自分のその日のコーディネートが自分自身によるものではなく、Aの配偶者によるものであることをCに伝える。それを聞いたCは、Bがそうしたのと同じように、Aへの評価を取り下げる。ここまでは問題がない。問題は、CがそこからAの代わりにAの配偶者の行為や能力を「おしゃれ」として評価するかどうかである。

ある意味では、CはAの配偶者の行為と能力を評価するかもしれない。Aの配偶者の行為は、ちょうど部屋のインテリアをセンスよく取り合わせるのと同じように、自身の配偶者の全体的なコーディネートを——おそらくは支持体としてのAの身体をうまく活かしながら——センスよくまとめる行為である。その意味で、Aの配偶者の行為と能力を「センスがいい」と評価することは自然である。そして、単にファッションに関してセンスがいいことを「おしゃれ」と呼ぶのであれば、Aの配偶者はたしかにおしゃれだろう。

しかし、このケースにおいてAの配偶者を「おしゃれだ」とすることに抵抗する言語的直観もたしかにあるように思われる。少なくとも、Bの行為や能力を評価することと、Aの配偶者の行為や能力を評価することのあいだには、なんらかの重要なちがいがあるように思われる。

もしそうであるなら、それはどんなちがいなのか。明らかなちがいは、当のコーディネーションの行為がその人自身の身体を支持体にしたものであるかどうかという点にある。Aの配偶者は自分自身の身体を支持体にしてコーディネーションを行なったのではない。一方、Bのコーディネーション行為はB自身の身体を支持体として使っている。

とはいえ、自分自身の身体を使うかどうかでなぜ評価のあり方に差が生じるように思えるのか。あるいは、そこでいったいなにが評価されているのか。これに対する私の解釈は、以下のようなものである。

一般に、おしゃれなコーディネートをもたらすためには、その支持体の外面的特徴やくせについてよく把握している必要がある。というのも、コーディネートは、支持体としての身体と調和してこそ——あるいは、それをうまく活かしてこそ——はじめて評価されるものになるはずだからである。われわれは、事物や他人の身体についてはその特徴をよく承知していると言えるかもしれない。しかし、われわれは、自分自身の身体の特徴についてはふつうそれほど正しく把握していない。また、それを客観視することも一般に難しいだろう。それゆえ、自分の身体をコーディネートの支持体としてうまく使うことは一般に困難である。私の考えは、おしゃれ判断は、まさにその困難を乗り越えていることに対する評価を含んでいるのではないかというものである。ある人を「おしゃれだ」と評価することのなかには、〈その人が自己の身体の特徴を客観視したうえで、それをうまく料理しておしゃれなコーディネートを達成している〉ということに対する評価が含まれているのではないか。Aの配偶者は、たしかにセンスがいいかもしれないが、この点では評価されない。というのも、Aの配偶者が料理したのは、自分自身の身体ではないからである。

これは、おそらくファッションに特有の評価のあり方である。センスのいい取り合わせをもたらす行為や能力はさまざまな領域に見いだされるものだが、その取り合わせの材料としてその行為者自身の身体が使われるのは、ファッションに特有の事柄だからである。以上の結論は、ファッションの日常美学の問い——ファッションの領域に特有の美的判断のあり方はどのようなものか——に対するひとつの答えになるだろう。

最後に、以上のようなものとしてのおしゃれ判断のあり方が、しば

しばある種の倫理的な問題につながることを示したい。

―

3. おしゃれ判断の倫理

<u>選択不可能なものとしての身体</u>

　個々のアイテムに対する評価を除けば、おしゃれ判断は、そのコーディネートの支持体としての身体への評価をほとんど不可避に含んでいる。というのも、コーディネートの評価は全体的な視覚的特徴に基づいてなされるものであり、そして支持体としての身体はその視覚的特徴に部分的に寄与するものだからである。例えば、身体のプロポーションや肌の色は、明らかにコーディネートの全体的特徴に寄与する。それゆえ、そのコーディネートを「おしゃれだ」と評価することのなかには、暗にではあれ、例えば「スタイルの良さ」のような身体的外見への評価が含まれることになる。コーディネーションの行為や能力に対する評価もまた、それらがコーディネートの評価に依存するものである限りで、身体への評価を含む。そして、すでに述べたように、そこで評価されるのは、おしゃれ判断の対象となる人自身の身体である。自分自身の身体は、生得的なものであり、選択可能なものではない。したがって、おしゃれ判断は、しばしばその当人にとって選択可能でないものについてその人を評価していることになる。

　もちろん、人をその生得的な条件や能力にしたがって評価すること自体が倫理的に問題であるというわけでは必ずしもない。例えば、スポーツ選手や棋士といったゲームプレイヤーに対してなされる社会的な評価の多くは生得的な側面についての評価を含むが、だからといって問題視されることはない。おしゃれ判断が倫理的な問題にかかわるように思えるのは、より込み入った点においてである。

　第一に、おしゃれ判断は、スポーツ選手や棋士に対する評価と比べて、現実的な利害関心と相対的に結びつきやすいように見える。もち

ろん、プロのプレイヤーにとっては評価と金銭が、アマチュアのプレイヤーにとっては評価と名誉が結びついているが、当のゲームの文脈の外に出れば、評価と現実的な利害との結びつきはほとんどない[18]。例えば、足が遅いとか卓球が下手とかサッカーがうまいとか将棋が強いとかいう理由で損をしたり得をしたりするような文脈の範囲は（もしあるとしても）相対的に小さい。対して、おしゃれである／ないと評価されるかどうかが現実的な利害に結びつく社会的な文脈は、はるかに広範かつ身近なものであるように思われる。現実的な利害に結びつく評価が生得的な条件によって左右されることは、それ単独で即問題だということはないとしても、倫理的な懸念の対象にはなるだろう[19]。

第二に、「おしゃれだ」という能力評価は、一見すると、ほかの領域における「趣味がいい」という評価と同じく、純粋に美的センスについての評価であるように見える。しかし、実際にはおしゃれ判断には身体への評価がしばしば暗に含まれている。このように、評価のポイントに生得的なものが含まれていることが隠蔽されていることは、道徳的に健全だとは言えない[20]。この問題は、ピエール・ブルデュー（Bourdieu 1979）が示したような、美的センスが隠蔽された文化資本としての側面を持つという問題とほとんど同型である[21]。

第三に、おしゃれ判断は、しばしば身体をコーディネートの支持体として評価する。このことは、標準化された身体——無色の身体——を評価する指向につながるかもしれない。というのも、支持体の役割は、それ自体が主張することなく、それに載るものを際立たせることだからである。支持体が選択可能なものであれば、これはとくに倫理的な問題にはならない。しかし、おしゃれの主体にとって、その支持体は、選択も交換も不可能な自己の身体である。この事実と無色の支持体への指向が結びつくことで、個別的で特殊なものとしての自己の身体の疎外が生じうる[22]。これは明らかに倫理的な問題である。

<u>支持体から素材へ</u>

以上の問題のいずれも、生得的で選択不可能な条件としての身体を

支持体として評価するというおしゃれ判断の特徴から生じるものである。しかし、これらの問題をポジティブな方向に転換する方策もまた、おしゃれ判断の特徴のうちに見いだせるように思われる。

すでに述べたように、おしゃれ判断には、自己の身体への反省能力を評価するという側面が含まれている。これは、自身の身体を素材として客観視したうえで、それをうまく料理することに対する評価だと言えるだろう。ここで、「支持体」の代わりに「素材」や「料理」という比喩を持ち出すことの意義は大きい。素材あるいは食材は、たんに無色で不可視のものとして後景に退くべきものではなく、むしろその良さを活かしながら全体に貢献すべきものだからである。

支持体ではなく素材としての身体という見かたを強調することは、上記の三つの問題に対するカウンターになる。第一に、素材としての身体は、それ単独で評価されるものではなく、あくまで全体をつくり出す関係項のひとつとしてのみ評価される。全体としての料理は、それが所与の食材をどのように料理したかという点で評価される。同様に、全体としてのコーディネートは、それが所与の身体をどのように料理したかという点で評価される[23]。この考えは、選択不可能なものをそれ自体として評価するという問題を解消する。第二に、身体をおしゃれの素材として意識的に扱うことは、おしゃれ判断のうちに生得的なものへの評価が隠れていることを暴露したうえで、その事実をポジティブに捉えなおすことである。第三に、個々の身体の特殊性は排除されるべきではなくむしろ活かされるべきだとする考えは、当然ながら無色の身体への指向に対するアンチテーゼになる。

おしゃれの素材としての身体という見方は、身体の改変――ダイエットや筋トレからピアッシングや整形まで――を否定するものではない[24]。素材は、その良さを活かすべきものであるとともに、自由な加工を受け入れるべきものでもある。身体をおしゃれの素材として客観視するということは、その選択不可能な特殊性をそれとして受け入れつつ、同時に、それを美的意図に沿って自由に加工・料理する態度を獲得するということにほかならない。

おしゃれの実践とそれを評価するおしゃれ判断は、一方では、自己の身体の疎外につながる側面も持つが、他方では、選択不可能な自己の身体の特殊性の肯定と、その身体からの自由を同時にもたらすという

側面も持つ。まさにこのようなしかたで身体とかかわるという点に、おしゃれ判断に特有の——あるいはより一般化すればファッション文化に特有の——美学的な性格を見いだすことができる。

松永伸司（まつなが・しんじ）
立命館大学衣笠総合研究機構客員研究員。東京藝術大学大学院美術研究科博士後期課程修了。専門はゲーム研究と美学・芸術の哲学（とくに分析美学）。ビデオゲームを含めたポピュラー文化を美学的な観点から考えることに関心がある。

---

1. この主張は、ファッションアイテムや服装に対する評価のすべてが美的判断であるということを含意しない。それはまた、「かわいい」、「かっこいい」、「おしゃれだ」といった述語をつかった評価のすべてが美的判断であるということも含意しない。ここでの主張は、われわれが日常のなかでファッションアイテムや服装に対してその種の述語を適用するとき、そこで行なわれている評価が正当な意味で美的判断であるケースがしばしばあるということである。

2. Zangwill (1995) が言うように、美的判断は、対象の美的な良し悪しを述べる側面（評決的美的判断）と、対象が持つ実質的な性質を述べる側面（実質的美的判断）に理論的に区別できる。実際のところ、ほとんどの美的判断は両方の成分をいくらかは含んでいるだろう。おしゃれ判断もまた、両方の側面をともに持つものである。それは、特定の実質的な美的性質（価値中立的なおしゃれさ）への言及を含みつつ、美的な価値づけを行なうものでもある。とはいえ、本稿が焦点をあわせるのはもっぱら評価的側面だけである。

3. このような用法における「おしゃれだ」は、一般に「おしゃれぶっている」や「おしゃれであろうと意図している」などと言い換え可能かもしれない。この種の概念をつかうのに美的センスはとくに必要ないだろう。

4. ファッションを含めた美的な領域における流行とその社会的機能については、例えばSimmel (1905) を参照。

5. すでに江戸中期には「しゃれ」という語に洗練・洒脱の意と言語遊戯の意の両方が含まれていたという指摘がある（牧 2008: 71, 74）。前者の意味成分は「おしゃれ」や「しゃれている」といった用法に、後者の意味成分は「だじゃれ」などの用法に直結するものだろう。

6. もちろん、本稿で議論される事柄があらゆる時代や文化に普遍的に見られるものであると想定する必要もない。実際、渡辺明日香の研究を引きながら千葉雅也が述べるように（千葉 2015: sec.3）、コーディネートの「自由化」と「冒険」が消費者レベルで明確に成立したのは——言い換えれば、ストリートファッションの美的実践が成立したのは——少なくとも日本では90年代だろう。とはいえ、この事実は、その文化史的に特殊な実践からなんらかの一般的な性格を引き出せることと相反するものではない。

7. 日常の美学の多様な焦点については、例えばSaito (2008) を参照。また、Melchionne (2013) によれば、日常の美学の「五つの主要な領域」は、食、衣装、住居、宴席、外出であるとされる。

8. Eckman & Wagner (1995) は、消費者研究においてファッションを有用性というよりも美的な観点から捉える先行研究がいくらかあることを示したうえで、そのようなアプローチの重要性を主張している。

9. 本稿の方法について述べておく。本稿は「おしゃれ」概念の現代の日常的な用法を分析するものである。この概念分析は、哲学的アプローチによって、つまり思考実験を含めた具体的事例についての直観と推論をたよりにしてなされる。客観的な概念分析のためには、適切に集められた経験的データにも

とづくべきかもしれない。とはいえ、本稿の議論は、少なくとも筆者と直観を共有する読者にとっては、それ自体で十分に理解可能かつ意義あるものだと思われる。

10. 個々のアイテムが、それがほかのアイテムとの取り合わせに寄与するポテンシャルを持つという点で「おしゃれだ」と評価されるようなケースでは、やや事情が異なるかもしれない。その場合、個々のアイテムは、それ単独で評価されるというよりも全体に対する（可能な）部品として評価されており、それゆえそこには全体に対する評価も暗に含まれている。

11. ただし、美的判断は、客観的な対象についてではなく、主観的なもの（判断者自身の心的状態やその他のなんらかの志向的対象）についての判断であるという見解はしばしばある。古典的な議論はイマヌエル・カントに見られる (Kant 1790/1963: sec.9)。より近年で言えば、美的性質の反実在論者たちは一般にこの立場を取るだろう (Stecker 2010: ch.4)。しかし、美的性質の実在論と反実在論の対立は、ここでの論点にかかわらない。

12. 一般に「コーディネート」という言葉は、アイテムの取り合わせ自体を意味する場合と、それをもたらす行為を意味する場合とがある。本稿では前者のみを「コーディネート」と呼び、後者については「コーディネーションの行為」と呼ぶ。

13. ここで言うコーディネートには、単にアイテムの選択と組み合わせだけではなく、それらがどのような着かたで着られているかという側面――つまり着こなし――も含まれている。また、ふつうファッションの全体的評価は、服装だけではなく髪型や化粧などもかかわってくるだろう。以下の議論における「コーディネート」には、髪形や化粧などもつねに含まれているものとして考えてよい。

14. ロラン・バルト (Barthes 1964: sec.1.2.2) は、「選択」と「組み合わせ」やその前提としての「ラング」といった構造言語学的な諸概念を服装に対して類比的に適用している。このような議論を可能にしているのは、モジュール化された部分としてのアイテムと、その取り合わせの全体としてのコーディネートの構造的関係にほかならない。もちろん、個々のアイテムそれ自体についても、コーディネートと同じく、部分‐全体の構造を持つと言うことはできる。しかし、個々のアイテムを構成する部分は、コーディネートを構成する部分とはちがって、その第一次的な生産者（デザイナー）以外にとってはふつうほとんど操作可能なモジュールではない。それゆえ、それは、一貫して消費者観点をとる本稿が扱うべき論点ではない。このことは、以降の行為にかかわる議論の焦点が（個々のアイテムをつくる行為ではなく）コーディネーションの行為に限定されることの理由でもある。

15. ファッション誌やショップのディスプレイにときおり見られるように、支持体ぬきにコーディネートを提示することは可能である。しかし、実際には、われわれのおしゃれ判断の実践のほとんどは、着られているものとしての服装についてのものだろう。

16. その内実をどのように捉えるにせよ、ファッションを語るほとんどすべての言説が衣服と身体のあいだに決定的に重要な関係を見いだしている。衣服への評価が完全に身体から切り離されるとすれば、それは衣服を美術作品や工芸品と同等に眺めるときだろうが、おそらくそれはもはや固有の領域としてのファッション文化ではない。

17. もちろん、わざわざ「今日は」をつけ加えることで「いつもはそうではない」という言外の含みを持つことはあるかもしれないが、それはここでの問題ではない。

18. ゲームが一般に現実的な利害関心から相対的に分離したものであるということは、ゲーム研究において伝統的に取り上げられてきた論点である。たとえば、Juul (2005: 35-36, 41-43) を参照。

19. 「仕事ができる」や「勉強ができる」といった社会的な評価――当の文脈における課題の遂行に関して適性があることに対する評価――もまた、ある面では生得的な条件によって左右され、かつ現実的な利害に結びつく評価である。この種の評価は倫理的にとくに問題視されないだろうが、おそらくそれは、そこで要求される課題の達成がなんらかの社会的な実益を伴うからである。対して、おしゃれであることは、その種の実益を（少なくとも明確なかたちでは）伴わない。

20. 人に対するなんらかの社会的評価が、暗黙のうちにその人の身体的特徴（例えば顔の造作）に左右されていることを揶揄するインターネットスラングとして「※ただしイケメンに限る」があるが、これはまたおしゃれ判断にもしばしば適用される。私はその種の揶揄にはまったく同調しないが、ある面でそれは、この隠蔽を暴露することを意図したものであるようにも思える。

21. ただし、ブルデューが直接に問題にするのは、文化資本の隠蔽性というよりも、それが階級分化や権力構造の維持・再生産として機能するという点である。この文化的再生産の側面は、おしゃれ判断にお

ける身体については少なくとも直接にはあてはまらない。とはいえ、文化の再生産につながらないとしても、生得的条件に由来するなんらかの差異化が隠蔽されたかたちであるということは、それ自体で問題であるように思われる。

22. 大久保美紀は、ファッションモデルの「肉体」やファッション写真における「肉体」表象を材料にしながら、「ファッションの表現のために肉体はしばしば犠牲になってきた」ことを示している(大久保 2014)。大久保によれば、ファッション業界では、「肉体」は衣服の提示のためにある意味で理想化されてきたのであり、それによって本来「歪で不器用」で「不完全」なわれわれの「肉体」の「リアル」なあり方は「隠され」、「忘却され」てきた。このような「理想化」は、本稿が述べる無色の支持体への指向の現われのひとつ(おそらくそのもっともラディカルなもの)として解釈できるだろう。一方で、大久保は、ファッションをめぐる近年の動向 —— 例えば、ファッション誌における「平均的な容姿」をした読者モデルの採用や、ZOZOTOWNに顕著に見られるような「一般の人々」からのモデルの採用 —— に肉体の再発見・回復の徴候を見て取ってもいる (ibid: 164-165)。私は、この点については部分的に同意するものの全面的には同意しない。理想化を脱して、より身近で「リアル」な身体を支持体として評価するようになったとしても、標準的・均一的な身体への指向があるかぎりは、そこには自己の身体の疎外の契機が依然残っている。そして実際、読者モデルやショップ店員やストリートスナップをフィーチャーするファッション誌やショッピングサイトが無色の身体への指向を脱しているようには見えない。

23. いわば、素材としての身体はそれ単独ではゼロ度であって、それとコーディネートとの差がコーディネーションの行為に対するおしゃれ判断の評価対象になる。つまり、素材としての身体という考え方では、コーディネートに対するおしゃれ判断は身体のありかたに相対的である。一方、支持体としての身体という考え方では、おしゃれ判断はコーディネートを絶対評価するものである。この場合、身体もまた、コーディネートを邪魔しないものとして(あるいは引き立てるものとして)それ自体で絶対評価されることになる。

24. たしかに、身体の改変が標準化を指向するかぎりは、それは身体の疎外にもとづいた退行的なものである。しかし、一方で、「ありのままの身体こそが良い」といった規範は(たとえ、それ自体は身体の疎外を回避することを意図したものだとしても)おしゃれのモチベーションと根本的に相反するのだろうか。

[参考文献]

Barthes, R. 1964. "Éléments de sémiologie." *Communication* 4: 91-135. (「記号学の原理」沢村昴一訳.『零度のエクリチュール 付・記号学の原理』所収, 85-206. みすず書房. 1971.)

Bourdieu, P. 1979. *La Distinction: Critique sociale du jugement*. Paris: Le Éditions de Minuit. (『ディスタンクシオン —— 社会的判断力批判 (I・II)』石井洋二郎訳. 藤原書店. 1990.)

千葉雅也. 2015. 「アンチ・エビデンス —— 90年代的ストリートの終焉と柑橘系の匂い」10+1 web site. Accessed April 15, 2015. http://10plus1.jp/monthly/2015/04/index03.php.

Eckman, M., & J. Wagner. 1995. "Aesthetic Aspects of the Consumption of Fashion Design: the Conceptual and Empirical Challenge." *Advances in Consumer Research* 22: 646-649. Online available. Accessed April 15, 2015. http://www.acrwebsite.org/search/view-conference-proceedings.aspx?Id=7825.

Juul, J. 2005. *Half-Real: Video Games between Real Rules and Fictional Worlds*. Cambridge, MA: MIT Press.

Kant, I. 1790/1963. *Kritik der Urteilskraft*. Stuttgart: Phillipe Reclam Jun. (「カント『判断力批判』翻訳の試み —— 1節から22節まで」金田千秋訳. 『筑波大学芸術学研究誌芸叢』13: 1-64. 1996.)

牧藍子. 2008. 「其角と〈洒落風〉」『日本文学』57(7): 66-75.

Melchionne, K. 2013. "The Definition of Everyday Aesthetics." *Contemporary Aesthetics* 11. Accessed April 15, 2015. http://www.contempaesthetics.org/newvolume/pages/article.php?articleID=663.

大久保美紀. 2014. 「逆行する身体表象 —— 「復活」するマネキンあるいはマヌカン」『vanitas 003』所取, 155-168.

Saito, Y. 2008. *Everyday Aesthetics*. Oxford: Oxford University Press.

Sibley, F. 1959/2007. "Aesthetic Concepts." In *Approach to Aesthetics: Collected Papers on Philosophical Aesthetics*, eds. J. Benson, B. Redfern & J. R. Cox, 1-23. Oxford: Oxford University Press. (「美的概念」吉成優訳.『分析美学基本論集』所収. 勁草書房. 2015.)

———. 1965/2007. "Aesthetic and Non-Aesthetic." In *Approach to Aesthetics: Collected Papers on Philosophical Aesthetics*, eds. J. Benson, B. Redfern & J. R. Cox, 33-51. Oxford: Oxford University Press.

Simmel, G. 1905. "Philosophie der Mode." In *Moderne Zeitfragen* 11, ed. H. Landsberg, 5-41. Berlin: Pan. (「モードの哲学」岸本嗣司・古川真宏・渡邊洋平訳.『vanitas 003』所収, 127-154. 2014.)

Stecker, R. 2010. *Aesthetics and the Philosophy of Art: An Introduction*. 2nd edition. Lanham: Rowman & Littlefield. (『分析美学入門』森功次訳. 勁草書房. 2013.)

Walton, K. 1970. "Categories of Art." *Philosophical Review* 79(3): 334-367. (「芸術のカテゴリー」森功次訳. 電子出版物. 2015. Accessed June 18, 2015. https://note.mu/morinorihide/n/ned715fd23434.)

Zangwill, N. 1995. "The Beautiful, the Dainty and the Dumpy." *British Journal of Aesthetics* 35(4): 317-329.

ip

international
perspective

ip

　日本国内では十全とは言えないファッションデザイン研究は、海外においても同様である。美術や建築の展覧会、シンポジウム、研究書の数と比較するまでもなく、ファッションデザインを学術的研究の対象として多角的に精査し、共有する場は多くない。しかし、イギリスのセントラル・セント・マーティンズ美術大学や、フランスのIFM・モード研究所、そしてアメリカのファッション工科大学など、ファッションデザインにおける研究の場が近年整備されつつあるのもまた事実である。美術館やギャラリーにおいてもファッションデザインの展覧会が積極的に開催され、それを批評する研究書なども充実し始めた。

　それでは海外では、どのような研究事例があるだろうか。研究機関、展覧会、研究書、研究者と四つの項目に分類しつつ、昨今のファッションデザイン研究において、私たちが重要だと考える事例を紹介する。

　研究機関紹介として今回はオランダのテキスタイル・ミュージアムを取り上げた。続く展覧会紹介では「危険な関係」展に始まり「ファッションにおけるクィアの歴史」展、「アントワープに着陸したファッション2001」展、「シック・クリックス」展を紹介する。次に書籍紹介として『ファッションと美術館』、『ファッション・ファウンデーション』、『メカニカル・スマイル』、『ファッションについて書くこと、批評すること』を取り上げた。最後にファッション研究者であるティモ・リサネンへのメールインタビューの様子をお届けする。ファッションデザインに関する四つの展覧会と四冊の書籍から、ファッションデザイン研究における国際的状況を把握してみよう。

オランダ・ティルブルフ
テキスタイル・ミュージアム

　リー・エーデルコートが学長をかつて務め、1990年代から現在に至るまでオランダデザインを牽引する役割を果たす世界的デザインスクール、デザインアカデミー・アイントホーフェン。この学校が位置するアイントホーフェンから電車で約30分の距離にオランダ第6位の規模の都市、ティルブルフがある。そしてティルブルフ駅から20分ほど歩くと突如見える近代産業遺構のような工場とガラスファサードの建物、そこがテキスタイル・ミュージアムだ。アイントホーフェンは電子機器メーカーであるフィリップスによって栄えたが、ティルブルフは紡績によって栄えた、日本ではあまり知られていない都市である。

　18世紀頃に貧しい農民たちが羊を売る代わりに羊毛で紡績、機織りを家内制で始めたことがきっかけとなり、19世紀にはティルブルフは羊毛織物の生産地として栄えた。ティルブルフは地政学的には首都アムステルダムよりもはるかに隣国ベルギー・アントワープに近い。したがってアムステルダムやロッテルダムなど貿易を中心とした産業よりも、羊毛を中心とした織物製造業が盛んだった歴史があっても驚きはないだろう。だが20世紀に入って以降ティルブルフの紡績業は衰退の一途をたどり、現在に至る。テキスタイル・ミュージアムは以上のティルブルフの歴史的背景を前提に、19世紀後半に設立されたC.Mommers&Cie社が所有した旧毛織物工場を改装して設立された。設立当初はティルブルフ市が運営母体であったが、独立して市立博物館／地域アーカイブ／テキスタイル・ミュージアムの3つの施設運営を行なうために2006年にMommerskwartier財団が設立され、2008年に現在の状態となる。興味深いのは、行政主導による地域産業アーカイブから出発した経緯を持ちつつも、テキスタイル・ミュージアムは一貫して「Museum in Bedrijf」(工場内ミュージアム)というコンセプトを掲げ、

ip	研究機関紹介

実践している点だ。

ミュージアムの中には常設展示室、企画展示室、ライブラリ、ショップ、カフェ、アトリエ、そしてテキスタイルラボが存在する。常設展示室はテキスタイルデザインや産業の変遷を中心にした博物館であり、特筆すべき内容はない。だが、ウェブサイトでも紹介されているように収蔵を積極的に行なっており、2015年3月現在、16,104点の織物やテキスタイルに関係するモノが収蔵されている[1]。収蔵品の年代は17世紀から20世紀までに限定されており、ティルブルフの成立と発展に並走したアーカイブを作成していることが窺える。アーカイブと連動したライブラリは、ヨーロッパにおける繊維製品の分野に特化した施設としては珍しい存在で、書籍、雑誌、パターン（模様）見本などが収蔵されている。また、ライブラリには24個のキャビネットがあり、各引き出しには原料から完成した布に至るまでの各加工段階を閲覧することも可能である。

企画展示室では美術、プロダクト、ファッション、インテリア、建築など広い用途を持つテキスタイルデザインを紹介すべく、約3ヵ月毎に新しい企画の展覧会を開催している。最近ではスマートテキスタイルに関する展覧会も開催されており、IoT (Internet of Things)などのテクノロジーとの連携も模索されているという意味において先進的デザイン領域にも挑戦する姿勢が窺えるだろう。「生きたナレッジ・センター」として機能する本ミュージアムの独自性はショップにおいても同様に見られる。ヴィクトール＆ロルフのような有名デザイナーのみならず、若手デザイナーにもデザインを依頼して、オリジナルブランドのテーブルクロスやティータオルがショップで製造、加工、販売されているのだ。これらのアイテムは国際的に高く評価されており、ヨーロッパのセレクトショップで見かけた人もいるだろう[2]。

さらに若手デザイナーの育成支援はアトリエにおける教育プログラムにおいても見受けられる。一般来場者向けワークショップも毎週のよう

に開催されてはいるが、ここではETT（European Textile Trainee）プログラムと呼称されるデザイナー・イン・レジデンスに該当する教育プログラムが過去7年間継続して展開されてきていることを評価したい。本プログラムではEU圏内——フィンランド・アアルト大学やデンマーク・王立芸術学院など——の複数の大学院から修士課程在籍中の学生7名を対象に夏休みのあいだ、集中的に制作支援環境の提供、技術支援、ビジネス支援、展示空間の提供まで行なっている。ここまでファッション教育・研究活動支援を国際的に、かつ包括的に展開する研究機関は極めて珍しいのではなかろうか。

　このような活動——アーカイブからインキュベーションまで——を可能にするのが、テキスタイル・ミュージアムの心臓部に該当するテキスタイルラボの存在である。これまでハイメ・アジョンやワルター・ヴァン・ベイレンドンクのようなデザイナーも利用してきたテキスタイルラボには、編み機、織り機、刺繍機、レーザー加工機、ファブリックプリンタ、房付け機、縁飾り機と多様な産業用機械が設置されており、試作、限定生産、小ロット生産のための場所として機能している。これらの機材のそれぞれに「プロダクト・ディベロッパ」と呼称される技術スタッフが配置され、利用者は技術支援を受けながら協働で実験することが可能だ。機材の多くはPCで作成したデータを出力するコン

ピュータ制御であるが、だからといってボタンを押したらおしまい、ではない。ラボでは、データ作成と繊維の原料や構造などの物的性質を前提とした伝統工芸的なものづくりが等価に展開されているのだ。この意味において導入された機材と同様にさまざまなヤーン（紡績した糸）が保管される部屋も、テキスタイルラボにとって重要な資産である。

　このような至れり尽くせりの支援体制があれば、デザイナーに限らず誰でも利用してみたくなるはずだ。では実際にどのようにしてテキスタイルラボを利用できるのか、順を追ってみてみよう。利用者はまずデザインを決め、利用したい機材を選定し、どういうデザインなのか、なんのプロジェクトなのかなど詳細をオンライン応募フォームに記入し、審査を受ける。10日後、審査結果の連絡通知があり、受理されれば契約書にサインして制作がすぐに開始される。各機材には時間単価でいくらかかるのかが明らかにされており、例えばデジタル刺繍ミシンであればプログラミングに最低2時間46.50ユーロ、刺繍1,000針につき1.40ユーロかかることがウェブサイトに記されている。完成後、利用者は制作物を購入して終わりとなる。成果物にかかった時間などによって利用料が決定されるため、複雑な柄や構造を持つテキスタイルの開発にとりかかろうとすれば、見積もり以上にコストがかさみ購入できないくらい高価になることも想定される。だが、面白いのは利用者が購入できないくらい高価な試作品はテキスタイルラボで参考作品とし

て収蔵、展示され、時間や労力が無駄にならない仕組みがあることだ。

また、学生は利用料50％オフで機材を利用でき（織り機と編み機のみ厳しい審査があるとのこと）、大学には設置できない高価な大型機材の利用によって卒業制作の完成度を飛躍的に向上させることが可能だ。さらに、学生のみならず卒業したてのフリーランスデザイナーなども含めたさまざまなデザイナーが応募できる長期（3-6ヵ月）のテキスタイルラボ・インターンシッププログラムもある。最終的に創出されたデザインのうち、完成度の高いモノはテキスタイルラボ・イヤーブックに採用され、ミラノサローネなどで発表されたり、イヤーブックとして国際的に流通することがウェブサイトにメリットとして明記されている。イヤーブック自体のデザインもコンテンツもデザイン業界において世界的に高く評価されていることも踏まえると、そこに卓越したメディア戦略があることは明らかだ。

オランダの主要なデザインスクールであるアーネム芸術アカデミーやリートフェルト・デザインアカデミー、デザインアカデミー・アイントホーフェンのみならず、近隣のヨーロッパ各国も含めた人、モノ、情報の交流を「デザインの力」で生み出す戦略は、貿易立国のオランダならではの発想なのかもしれない。そんなオランダの戦略的な寛容さが感じられるのは、テキスタイルラボの活動「そのもの」が展示空間として、来館した誰もが見ることができる点にも感じられる。デザイナーが

技術者と共にミュージアム開館中に作業に従事する姿を見ることができるという、まさに「生きたテキスタイル・ミュージアム」をリテラルに実践しているのだ。

　日本ではどのような「生きたナレッジ・センター」が存在するだろうか。さまざまな機材利用ができる施設ならば、もちろん存在する。東京都であれば地方独立行政法人東京都立産業技術研究センターがあり、高度な製品開発支援を受けることが可能だ。だが、制作現場が公開され、制作物の発表やアーカイブまで包括的に支援するような施設は日本にはまだない。学生やフリーランスデザイナーへの割引制度も、アーカイブ機能も、成果発表のメディアも、テキスタイル・ミュージアムのように機能している事例は日本には残念ながらない。文献資料のみならず制作支援環境の提供や制作物のアーカイブに至るまで、包括的なナレッジ・センターとしてのデザイン・ミュージアム設立が日本でも期待される。デジタル化するデザインプロセスや次々と登場する新しい機械や素材を有効に利用すべく、作品を知り、体験し、デザインし、アーカイブし、発表する場なくして、ファッションデザインの未来を考えることは難しいのではなかろうか。

1. http://www.textielmuseum.nl/en/collection
2. http://by.textielmuseum.nl/

TextielMuseum
Goirkestraat 96
5046 GN Tilburg
Tel: +31 (0)13 536 74 75
http://www.textielmuseum.nl

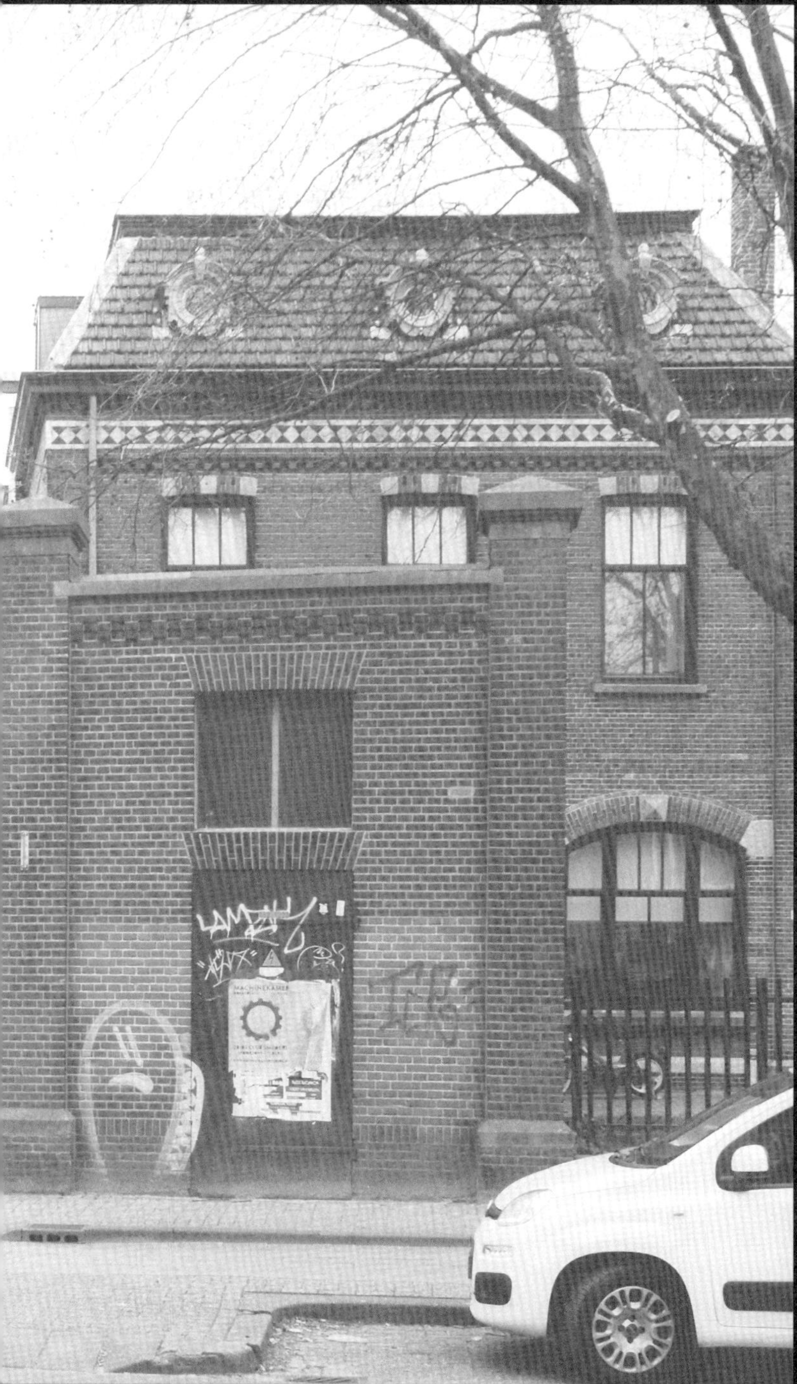
MACHINEKAMER

ip 展覧会紹介

Dangerous Liaisons: Fashion and Furniture in the Eighteenth Century
危険な関係 —— 18世紀におけるファッションとインテリア

Metropolitan Museum of Art, New York
2004.4.29 - 2004.9.6
メトロポリタン美術館、ニューヨーク
2004年4月29日〜2004年9月6日

Curator
キュレーター
-
Harold Koda
ハロルド・コーダ

　ファインアートの展覧会と比べると、ファッションの展覧会はつくるのも見るのも難しい。その理由のひとつとして、私たちにとって衣服というものがあまりにも身近な存在であることが挙げられる。例えば、ファインアートの展覧会においてハンガーラックに一枚の白いTシャツがかけられていたとしよう。そこで観客はおそらく「これはなにを意味するのだろうか」と考え始める。だが、ファッションの展覧会で同様の展示方法が取られていたらどうか。多くの観客は「ただのTシャツなんて見せられても面白くない」と思うのではないだろうか。つまり、私たちにとって衣服は日常的なものであるがゆえに、そこに必要以上の意味を見出すことに慣れていないのだ。

　ファッションの展覧会は多くの場合、衣服を着せられたマネキンを林立させるという手法が取られている。もし衣服がひとつの作品としてそれ自体のみで完結した存在であり、衣服そのものを見せることが目的なのであればそれでもよいかもしれない。また、こうした静的な展示の背景には作品の保護や着付けの難しさなどさまざまな理由があることも事実であろう。しかしながら、とりわけ歴史衣装の場合、衣服は時代や社会を知るためのひとつのメディウムとしても機能するはずである。しかるに上記のような静的な展示では、着用者がどのような生活を送っていたのか、その衣装を着てどのように振る舞っていたのか想像することはできない。

　「危険な関係」展はそうしたファッション展の困難をうまくクリアしている。そこではマネキンが衣服を着てただ立っているのではなく、18世紀の本物の調度品をうまく使いながら、王侯貴族の生活シーンを再現している。18世紀や19世紀のドレスを見ると、多くの人は「この服って座れるのかな？」といった素朴な疑問を抱く。もちろん、キャ

プションなどで解説することも可能だが、このような展示方法をとることによって観客は視覚的な理解が可能となる。部屋のなかでカードゲームに興じる男女の集団、ハープのレッスンをしているはずなのにどこか親密な雰囲気を漂わせる一組の男女——さらに部屋の奥にはその光景をのぞき見るひとりの女性がいる——など、さながら映画のワンシーンのようにつくられた情景からは、単なる身体の所作のみならずその時代の風俗を——擬似的にではあるが——目の当たりにし、18世紀という時代を容易に想像することができるのだ。

　展覧会は原則として、観客が視覚的に内容を理解できるものでなくてはならない。もちろん、カタログやキャプションなどのテクストによる補足は必要不可欠であるものの、文字による理解だけですむのであれば展覧会など不要なはずである。本展は展示品の豪華さのために一見華やかなだけの展示に見えがちだが、観客に伝えたいことを視覚的に理解できるように努力されたきわめて地道かつ誠実な展覧会なのである。

註——メトロポリタン美術館のウェブサイトでは、少なからぬカタログを pdf ファイルにてダウンロードできるようになっている。「危険な関係」展のカタログは下記ページにてダウンロード可能。
http://www.metmuseum.org/research/metpublications/Dangerous_Liaisons_Fashion_and_Furniture_in_the_Eighteenth_Century

展覧会紹介

A Queer History of Fashion: From the Closet to the Catwalk
ファッションにおけるクィアの歴史——クローゼットからキャットウォークまで

Museum at the Fashion Institute of Technology, New York
2013.9.13 - 2014.1.4
ニューヨーク州立ファッション工科大学美術館、ニューヨーク
2013年9月13日〜2014年1月4日

Curator
キュレーター
-
Fred Dennis
フレッド・デニス
Valerie Steele
ヴァレリー・スティール

　ニューヨーク州立ファッション工科大学美術館で行なわれた本展覧会のコンセプトは、その題名の通りファッションにおける「Queer」の系譜を豊富な展示から浮かび上がらせることを通じて、ファッション文化におけるセクシュアル・マイノリティの影響を可視化することである。ファッションの世界におけるマイノリティの活躍については、クリスチャン・ディオールやイヴ・サン＝ローランといったビッグネームの存在がすでに十分に知られているが、本展覧会では「Queer」という概念によってさらにその歴史を多様なものとして捉えようと試みている[1]。

　展示は18世紀から現代までにわたる象徴的な歴史的事象に沿って展開されており、ストーンウォールの反乱に伴って変化をこうむったゲイたちのスタイル、あるいはレズビアンたちの装いの発展に呼応するかたちで生じた男性役のスタイルの変遷といったような、ある事象に伴うマイノリティたちのファッションの変化を100着のスタイルから見渡すことができる。最後の展示では、「結婚への平等」についての問題提起としてウェディングファッションがディスプレイされており、クィアというテーマが改めて反復されている。

　こうしたコンセプトへのさまざまな反響はもちろんのこと、展示自体の構成も各所で高い評価を受けている。主なものとしては、新規サポーター創出やコミュニティへの働きかけといった功績から「Award of Merit」（ニューヨーク美術館協会より、2013年）を、展覧会をヴァーチャルに体験できるウェブサイトの制作やデジタルメディアの活用によって「MUSE award」（アメリカ美術館協会より、2014年）を、服飾史への貢献から「Millia Davenport Publication Award」（アメリカ

服飾協会より、2014年)をそれぞれ受賞している。

　2年間のリサーチを経て本展覧会を成功させたキュレーターの一人であるフレッド・デニスは、現代のファッション文化においてLGBTQの影響が闇に隠されていることへの問題意識を強調する。彼が光を当てようとしているのは、彼ら／彼女らの「自分は他の人とは違う」という意識が生み出したデザインの洗練であり、そしてそれらがファッションの世界に与えてきた影響力の大きさである[2]。今回示された系譜は、そうした長く豊かな歴史の一側面なのである。

池田真梨子(いけだ・まりこ、慶應義塾大学総合政策学部)

---

1. ── ニューヨーク州立ファッション工科大学ミュージアム・プレスリリース(http://www.fitnyc.edu/21048.asp)
2. ── Interview with Fred Dennis and Valerie Steele(http://exhibitions.fitnyc.edu/video/)

| ip | 展覧会紹介

Fashion 2001 landed
アントワープに着陸したファッション2001

–
Various Places in Antwerp
2001.5.26 - 2001.10.7
アントワープ市内各所
2001年5月26日～2001年10月7日

Curator
キュレーター
–
Walter van Beirendonck
ワルター・ヴァン・ベイレンドンク

　アントワープ・シックスが国際的に高い評価を得た1980年代以降、アントワープにまつわるデザイナーを取り扱った展覧会は世界各国で行なわれているが、そのなかで本展がどのような意図を持って行なわれたのかを読み解くために、背景となる2001年当時のアントワープの状況をいま一度振り返りたい。

　1996年、若手デザイナーの支援機関であるフランダース・ファッション・インスティテュート（Flanders Fashion Institute / FFI）がリンダ・ロッパ（Linda Loppa）らによって立ち上げられると、翌年アントワープ市は同協会に対して拠点となる建物とその改修費用を提供した。その後、ベルギー人建築家のマリー＝ジョゼ・ヴァン・ヘー（Marie-José Van Hee）の指揮による改修の後、アントワープ州立モード博物館と付属図書館、アントワープ王立芸術アカデミーファッション科などの施設を加え、アントワープにおけるファッション振興の総合拠点となるモードナシー（ModeNatie）が2001年に開設されたのである。

　すなわち、本展のタイトルにもある2001年前後は、国内外で飛躍的に地位を築いたアントワープファッションが、行政の支援を受けた拠点を携えてより鮮明にその存在感を露わにした時世であり、本展もその潮流のなかで開かれたことがわかる。

　しかし、ここで着目すべきは、本展で取り上げられているデザイナーがアントワープ出身者に限らないという点である。展示内容は「MUTILATE?（変形?）」「EMOTIONS（感情）」「RADICALS（過激派）」「2WOMEN（二人の女性）」の四つのテーマで分けられており、「RADICALS」ではエスコー川のほとりに20名のデザイナーによる写真が展示されたが、ベルギーにまつわるデザイナーはそのなかの約半数であった。「2WOMEN」に至ってはシャネルと川久保玲へ

のオマージュである。また、「MUTILATE？」では中国の纏足やアフリカ各地の刺青、コルセットなどの身体加工を取り上げ、「EMOTIONS」では、世界各国のファッション、アート、デザイン関係者の、服やファッションについての最も印象深い思い出を答えるインタビュー映像が流された。これらの内容を踏まえると、本展が単にアントワープファッションの総ざらいを目論んだものではないことは明らかである。

　本展の後、アントワープファッションの2007年時点における総括を目指した「6+ アントワープファッション」展がブリュッセルで開催されたが、それとは異なり本展は、アントワープ・シックス以降一定の評価を得た当時のアントワープのファッションデザインを次のフェーズへと導くために、より国際的な視点で体系的に位置づけるという意図があったことが推察できる。さらなる可能性を模索する当時のアントワープのアグレッシブな試みとして、本展は重要な意味を持っていたと言えよう。

工藤沙希（くどう・さき、京都工芸繊維大学大学院）

ip 展覧会紹介

Chic Clicks: Creativity and Commerce in Contemporary Fashion Photography
シック・クリックス——現代ファッション写真における創造性と商業性

Institute of Contemporary Art, Boston
2002.1.23 - 2002.5.5
ボストン・コンテンポラリーアート美術館
2002年1月23日〜2002年5月5日

（巡回展：Fotomuseum Winterthur
2002.6.15 - 2002.8.18 / NRW-Forum,
Düsseldolf, 2003.3.8 - 2003.6.1）

Curator
キュレーター
-
Ulrich Lehmann
ウルリッヒ・レーマン

　歴史は長くないが、写真というメディアが絵画や彫刻と並んで芸術としての価値を認められていることをわれわれは知っている。しかし、その場合の写真とはあくまでファインアートとしての写真だ。「ファインアートとしての写真」なるものとそれ以外の写真とを隔てる境界があるが、ファッション写真はまさにその境界に立たされてきた。それは芸術と商業、いわば「ハイ」と「ロー」の境界とも言えよう。本来、ファッション写真は、衣服やアクセサリー、それらを身につけるモデルを美しく見せることと、それによる経済効果が望まれる。しかし、ファッション写真を刹那的な商業写真のひとつとする定義は、果たして今日なお有効だろうか。本展はその問いに答えを与えてくれる。

　2002年に開催された本展は、世界3都市をまわる大規模な企画であったばかりでなく、ファッション写真史における大きな一歩でもあった。出展作家は計40名。彼らの多くが「ファッション写真家」という呼称を望むのかは不明だが、それでも彼らが『ヴォーグ』や『ハーパーズ・バザー』をはじめ、80年代以降の前進的なファッション雑誌（『i-D』、『The Face』、『Purple』、『self service』等）まで、幅広く活躍してきた写真家たちであることは間違いない。展示作品のおよそ9割は1995年から2001年までに制作され、最も古いものでも1983年のシンディ・シャーマンによるものだ。作品数は作家一名につき2点以上、それらがすべて二つのカテゴリーに分類され展示された。一方は写真家がファッション雑誌またはブランドキャンペーンのために撮影したいわゆるファッション写真であり、もう一方は写真家のより個人的か

つ実験的な、いわばアートとしての作品群である。だが、その二つのカテゴリーがどういった分類であるのかを、説明なしに察する観者はそう多くはないはずだ。それこそがまさに本展の狙いである。あえてファッション(商業)写真とアート写真に二分することによって、逆説的にその二つの近接性が証明されるのだ。

　40名の多彩な写真家たちにとって、ファッションとアートを隔ててきた境界は、興味深くはあるが脆い障壁でしかない。完全に無視できるものではないにせよ、彼らの「ファッション写真」において衣服は小道具と化し、被写体の多くは無表情を要求される。唯一笑顔を見せるのはコリーヌ・デイが撮影したケイト・モスくらいだ。代わりに画面に持ち込まれるのは現代社会の諸相である。ドラッグ、セックス、同性愛……匿名の人生が写真に持ち込まれるとともに、ファッション写真はアートの領域に侵攻した。

　本展の開催から10年以上経ったが、作品はどれも新鮮である。なぜなら、それらはめまぐるしく変化するファッション産業とはじつはほとんど無関係であるからだ。とは言え、10年が経った。そろそろ今日の新たなファッション写真を概観したい。きっと興味深い変化を目の当たりにするだろう。

趙知海(ちょう・ちへ)

| ip | 書籍紹介 |

Marie Riegels Melchior and Birgitta Svensson (eds.)
マリー・リーゲルス・メルキオール、ビルギッタ・スヴェンソン (編)

Fashion and Museums: Theory and Practice
ファッションと美術館 —— 理論と実践

Bloomsbury, 2014 年

　美術館はもともとファインアートというハイカルチャーの独占する空間であったが、1980年代以降、それまでローカルチャーあるいはサブカルチャーとみなされてきたファッションの展覧会が少しずつ開催され始めた。それに少し遅れて、1990年代以降はファッションを専門とする美術館の開館が相次ぎ、さらにはファインアートを扱う美術館でファッションも収集の対象とするところも散見されるようになってきた。こうした傾向はファッションのみならず、マンガなど他のジャンルのサブカルチャーにおいても見られる。

　美術館の主な役割は作品の収集・保存と展示である。国内外の美術館において、ファッションについてそうした実践が少なからず行なわれてきた一方で、理論の整備はこれまで十分になされてはこなかった。そのような状況のなか、ようやく「ファッション美術館」を正面から論じる書籍『ファッションと美術館』が2014年に上梓された。本書の内容は、ストックホルムの北方民族博物館（Nordiska Museet）で2011年に開催されたシンポジウム（デンマーク・デザインミュージアムとの共催）が元になっており、「ファッションの力 —— 美術館が新たな領域に入るとき」、「ファッション論争 —— 諸身体が公衆になるとき」、「実践」の三つのセクションから構成されている。

　第1セクションではメトロポリタン美術館の歴史や、美術館というメディウムを通して考察されたファッション（とファッション写真）の理論と歴史など、ファッションと美術館というテーマを語るうえでの基礎が語られている。第2セクションでは、展覧会やコレクション（所蔵品）をジェンダー論や身体論などのアプローチで論じる試みがなされている。最後の第3セクションでは、教育普及や収集など美術館

が行なう活動について、バース（イギリス）のファッション美術館やデンマーク・デザイン美術館などを取り上げたケーススタディが行なわれている。

　一読して本書の短所とみなされてしまいそうなのは、取り上げられた事例の多くが北欧の、それも知名度がそれほど高いとは言えない美術館であることだ。だが、日本の美術館のリファレンスとして本書を捉えるのであれば、上記のことはプラスに働くように思われる。例えば今号の展覧会紹介においてメトロポリタン美術館の展覧会「危険な関係」が取り上げられているが、それがすぐさま日本の美術館において参考になるかと言えばそうではない。というのも、メトロポリタン美術館のような潤沢な資金と豊富なコレクションを持つ美術館でなければ件の展覧会は実現できないからだ。それよりもむしろ、小中規模の美術館の事例のほうが参考になるはずであり、本書の特徴は一転して長所となりうるのである。

　近年、日本国内でもファッションの展覧会は増加の一途をたどっている。その火を絶やさないためにも、ファッションと美術館をめぐる議論がさらに展開されることを期待する。

ip 書籍紹介

Kim K. P. Johnson, Susan J. Torntore and Joanne B. Eicher (eds.)
キム・K・P・ジョンソン、スーザン・J・トーントレ、ジョアン・B・アイシャー (編著)

Fashion Foundations: Early Writings on Fashion and Dress
ファッション・ファウンデーション——身体と衣服についての言説史

Bloomsbury, 2003年

　本書は、今日私たちが参照先としているファッションについての言説基盤をかたちづくってきた著述家たちの主要テクストを収めたアンソロジーである。ファッションの言説は古く、本書においては1575年のモンテーニュのテクストに始まり、1940年までに出版されたものを収録している。ファッションという多領域にまたがった現象を学術研究の対象とするべく、これまで心理学や社会学、経済学、文化人類学、生理学などが取り組んできた。本書の編集方針もこのような領域横断性に応じて、学問別ではなくテーマ別での三部構成となっている。第一部「Dressing the Body」では人類史的なスケールでの身体と装いの問題を、第二部「Fashioning Identity」ではアイデンティティと衣服の問題を扱い、第三部「The "F" Word」では近代社会における文化現象としてのファッションについてヴェブレンによる初期の消費社会論やジンメルによる大衆の問題などから多角的に迫るものとなっている。

　このように総覧的な本書であるが、中心を成す二項対立は自然なる身体と文化的な装いというものだ。第一部の主要な問いである「なぜ人間は衣服を纏うのか」に対して、モンテーニュ以前は過酷な自然環境への保護手段という見方が一般的であったという。しかしモンテーニュはそのエッセイにおいて、古典を参照しながら文化的な慣習という要素を重視した。例えば、ヘロドトスによるペルシャ人とエジプト人の違いに関する記述において、後者は兜を身に付けないがゆえに、その頭蓋骨は比べようもなく硬いのだという。あるいはスエトニウスのカエサルに関する記述によれば、晴雨問わずカエサルは無帽かつ裸足で軍を率いたという。むしろ装いに関する文化的な慣習の違いから身体的な優劣が生じるという点にモンテーニュは着目していたと言える。

そのように装いの文化を重視するパースペクティブから出発し、それこそが人間と動物を分ける要素である——これはBliss(1916)で議論される——という主張も見られるようになった。その意味では、人文科学としてのファッション研究はこの二項対立に始まると言え、その展開としてモダニティとファッションという第三部の大きな問題までが開かれたといえる。とはいえ本書には高度消費社会を対象とした議論やバルトに代表される記号論などは含まれず、「言説基盤」の名にふさわしくそれらが成立する以前について見取り図を与えるものとなっている。

各部にはそれぞれのテーマについて編者による序文が付され、取り上げられるテクストについての導入ともなっている。集められたテクスト自体は2ページずつ程度の抜粋となっており、やや物足りなく感じるかもしれないが、巻末に置かれた時系列順での書誌目録がそこを補強している。研究者にとっては既往研究のおさらいや自らの研究テーマの位置づけにおいて有用なものとなっているが、研究者でなくとも、ファッションの言説について通史的に理解するうえで一読の価値はあるだろう。

太田知也（おおた・ともや、慶応義塾大学政策・メディア研究科）

| ip | 書籍紹介 |

Caroline Evans
キャロライン・エヴァンス

The Mechanical Smile: Modernism and The First Fashion Shows in France and America, 1900-1929
メカニカル・スマイル —— モダニズムとフランス／アメリカにおける最初のファッションショー (1900-1929)

Yale University Press, 2013 年

　『vanitas』003号でも紹介した、セントラル・セント・マーティンズ美術大学のキャロライン・エヴァンス (Caroline Evans) 教授による著書。330ページに及ぶ本書は二部構成で執筆されており、第一部においてはファッションショー、第二部ではマネキン (ファッションモデル) を中心に、20世紀初頭におけるモダニズム、ジェンダー、社会階層、ダンスや映画、身体、アメリカとフランスのビジネスや文化の関係性について述べられる。

　本書の興味深い点は、既往研究の多くが見てきた排他的な産業構造をもつ高級婦人服としてのオートクチュールではなく、20世紀初頭におけるフランス発のグローバルトレードとしてのファッション産業の意義に光をあてたことである。ファッションショーにおける「動く」マネキンによって、世界中からパリにバイヤーを招き寄せたこと。製品ではなく、アイデアとしての製造ライセンスを販売したこと。ファッションにおける近代的産業構造の意義を「動き、移動」といったキーワードに据えつつ明らかにしたエヴァンスの視点は、今日のファッション産業構造の原点を理解することにも繋がる。とはいえ、本書はフランスとアメリカの関係性、そして女性服だけに限定されることは理解しておきたい。アメリカの市場規模が目立って大きかったこと、二カ国間の「衝撃と反応」としての相互作用を明らかにすることが目指されていたこと、そして男性服に関する資料が圧倒的に少なかったこと等をふまえれば、限定的であることは妥当であろう。

　本書によると、フランスとアメリカの関係性とは一方的なものではなく、1910-20年代における両者の関係性にパワーバランスの「移動」

があったとされる。当初はアメリカよりも優秀であると位置づけられたフランス独自のデザインも、1915年には原型を留めないほどアメリカで改変されるようになった。ドルとフランの貨幣価値バランスが変容した結果二ヵ国間の貿易が盛んになったことも重なり、1920年代にはフランスがアメリカの嗜好に合わせていく「アメリカニズム」へと移行したことが述べられる。衣服単体の意味論的分析に留まらず、社会構成主義的な立ち位置からファッションを分析するマクロな視点と、それを支える一次資料の豊富さは圧倒的だ。

　機械技師のフレデリック・テイラーによる労働者の科学的管理法 (1911) やヘンリー・フォードのライン工場の発明 (1913) など、同時代の生産技術の変化と連動するファッションの美学、文化、商業の分析を通して、エヴァンスはモダニズムとしてのファッションは「動き、移動」に組み込まれた空間的実践であると位置づける。ファッションにおけるトレードはモダニズムの言語を借用しつつ、マネキンの身体を「streamlined＝流線型に、合理的に」整えるファッションショーという視覚的な誘惑によって成立する、という視点は未だに有効ではなかろうか。

　今日のファッションシステムを成立させる近代を超克する可能性とはなにかを改めて考えさせられる本書は、これまでのエヴァンスの著作と同様に写真、映画、ファッション雑誌、ファッションショーなどのアーカイブ資料を縦横無尽に引用した「見やすい」内容でもある。ファッションとモダニズムの関係性を考えるにあたり、既往研究に欠落する領域を見事に補完したエヴァンスの貢献を高く評価したい。

ip 書籍紹介

Peter McNeil and Sanda Millers
ピーター・マクニール、サンダ・ミラーズ

Fashion Writing and Criticism: History, Theory, Practice
ファッションについて書くこと、批評すること —— その歴史、理論、実践

Bloomsbury, 2014年

　ファッションに関する言説は多くあるなかで、「批評」に関する理論や方法論についての具体的な解説書は未だ少ないのではないだろうか。本書は、主に学生がファッション研究のための論文執筆を行なうことを前提に、どのような歴史的背景や学問領域を踏まえればよいかについて、用例を掲載しながら解説するものである。本書の構成は、理論編にあたる第一部「批評とはなにか」と実践編の第二部「ファッションをレポートすること」から成る。

　美術批評の起源とされるアリストテレスの『詩学』まで遡り批評そのものの歴史をふりかえることから本書の理論編が始まる。しかし、本書によればファッション批評の直接的な足がかりは18世紀フランスを中心に発展した「印象批評」と呼ばれる美術批評の一領域であり、その系譜を確認することが理論編の骨格を成す。当時、定期的に開催される美術の展覧会であり、知識人たちが集まって文化的な交流を楽しむ場でもあった「サロン」が発達し、そこに参加した美学を扱う哲学者を中心に「美しいものとはなにか」という主観的な問いについて盛んに検討された。そこでは、ルネ・デカルトの「我思う故に我あり」に代表されるような絶対的な客観性を前提とした価値基準や体系化された新古典主義の理論に依拠するのではなく、素直に感じられたことや主観を重視するスタイルによる美術批評が発展していったのである。サロンでは、最初の美術批評家と呼ばれることもあるドゥニ・ディドロが活躍したほか、イマヌエル・カントの「趣味（taste）」やシャルル・ボードレールの「魅力（charm）」など、感性的な現象に対する分析のための語彙が多く生まれた。

メディアが多様化し、ますます多くの記号やイメージが氾濫するようになった現代においてこそ、こうした美術を巡る批評の歴史／伝統に基づいてファッション批評のための「言葉」を築いていく必要があるのだと、筆者は結ぶ。たしかに、儚く移ろいやすい流行として一般的に捉えられうるファッションを批評として残すうえでは、本書を参照するであろうファッション学徒にとって、美術批評を教養として踏まえることは前提だろう。とはいえ、近年のファッションデザインを取り巻く状況やサステナビリティに関する歪みといった問題を考えると、必ずしもプロダクトとしての姿形の美しさだけがファッションを取り巻く言説の主題ではないのは明らかである。その意味では美術批評の延長としてだけでは捉えきれない部分も多い。

　したがって現代的なファッションデザインの批評には、ファッションを巡る技術的、環境的、社会的な問題を未来志向の課題として捉え、服づくりの「仕組み」や「環境」などのプロセスも含めた設計として包括的に考えるための言葉が求められる。そのためには、本書のように「美術」としてのファッションという側面を継承しながら、「デザイン」としてのファッション批評への展開が求められるのではないだろうか。

川崎和也（かわさき・かずや、慶應義塾大学環境情報学部）

interview
with Timo Rissanen
インタビュー　ティモ・リサネン

<u>まずはどこで生まれ育ったのか、そして両親があなたにどのような影響を与えたのかについて教えてください。</u>

　私はフィンランドのヌメラ (**Nummela**) という小さな田舎町で生まれ育ちました。夏には森の中の湖上にあるサマーハウスや、フィンランドとスウェーデンのあいだの群島のひとつであるアランド島のキャビンなどでよく過ごしていました。今でも毎夏、森の中で過ごしています。また、両親と毎秋にはいちごやキノコなどを集めに森にいき、釣りなどもよくしました。父の影響もあり、小さいときから野鳥観察もしていました。このような体験を通して、私には自然と強く結びついた思い出があります。

　サマーハウスのそばに私が小さいときから大きなマツの木があります。私があと50年幸運にも生き延びたとしても、この木はそれ以上に生き延びることかと思います。この木と毎年、過去40年会うことで、もし都市で生まれ育っていたら得られなかったであろう「時間」に関する豊かな認識が得られたと思います。人間の生命とは長くは続かないものであり、ましてやファッションにおける「時間」はめまいがするような速度で変容します。私はどちらかの速度が優れているといいたいわけではありません。どちらもが正しく、また相補的であると思います。とはいえ、比較的遅い「時間」のサイクルに位置する物事、いま私たちを含む地球環境を維持させる力を供給する遅い「時間」に私たちは気がつかなくなっていることを危惧しています。

<u>なぜ、どのようにファッションを勉強するに至ったのでしょうか。</u>

　私は最初生物学者になろうと思っていましたが、18歳の時にファッションデザイナーに出会い、自分のファッションに対しての興味も仕事にできることに気づきました。当時私はオーストラリアの人と付き合っていたこともあり、その後2年間はオーストラリアでファッションデザインの勉強をするための準備期間に充てました。シドニーには21歳に

研究者紹介

なる直前の1996年3月に引越し、到着して3時間後からUTS (University of Technology, Sydney) で勉強を始めました。私は幸運にも先生に恵まれ、ジュリア・ラース (Julia Raath) というテキスタイルデザインの教授からファッションテキスタイルとサステナビリティに関する知見を得ました。ファッションデザインにおいてはヴァル・ホリッジ (Val Horridge) 教授がさまざまな視点を提供して下さいました。

1999年、私はUTSでマドレーヌ・ヴィオネがクレア・マッカーデル、イッセイミヤケ、そしてジョン・ガリアーノに与えた影響についての卒業論文を書きましたが、結論としてベティ・カークによるヴィオネの型紙分析を踏まえ、衣服は廃棄の対象となる残布を出すことなくデザインしうるという推測を提示しました。私の卒業制作自体はゼロ・ウェイスト・ファッションではありませんでしたが、ヴィオネとイッセイミヤケから学んだ布帛へのリスペクトが強く反映された作品だったと記憶しています。

<u>あなたの博士論文について伺いたいと思います。どのように主題を選び、それが現在のキャリアにどのようなかたちで接続していますか?</u>

2003年から私はUTSでファッションデザインを教え始めました。2004年、Australian Postgraduate Awardsという奨学金付きの博士課程に進学する機会を見つけ、それを得ることができました。そこで、私は廃棄対象となる残布なしで服をつくること(当時、まだゼロ・ウェイスト・ファッションという言葉はまだありませんでしたが)に関して知見を深めようと思ったのです。いまにして思えば、UTSは研究に最良の場でした。デザインリサーチに関しても協力的であり、デザインとサステナビリティに関しての知見を持った研究者もいました。幸運にも、キャメロン・トンキンワイズ (Cameron Tonkinwise) 教授を主査にもつことができましたが、彼が途中でニューヨークにいってしまったので、サリー・マクラウリン (Sally McLaughlin) 教授を主査に途中で変えました。この2人の協力によって十分すぎるほどのアドバイスをいただきました。

私はパーソンズ美術大学には2010年の1月に移りましたが、その時点で博士課程はほぼ修了していました。パーソンズでは自分の研究を前提とした新しい選択科目を設立させてもらうことができました。そして、その科目がゼロ・ウェイスト・ガーメントという名前です。2010年秋に開講したこの科目は、ニューヨーク・タイムズにかなり大きく取り上げていただきました（http://www.nytimes.com/2010/08/15/fashion/15waste.html）。その後私は2012年に博士課程を修了し、2013年にUTSでめでたく卒業式に参加しました。

<u>ゼロ・ウェイスト・ファッションにおける判断尺度の難しさについて伺いたいと思います。ゼロ・ウェイスト・ファッションはデザインにおける型紙制作、工場における大量生産、環境におけるサステナビリティと3つの領域の交差点に位置するユニークな研究であると理解できます。そのことはあなたの博士論文（P.145）において、ゼロ・ウェイスト・ファッションの評価尺度としてなにを検討すべきかにも図式的に明示されていますが、そのなかのひとつに「サステナビリティ」があります。他の評価尺度にはフィット感・コスト・見た目などがありますが、「サステナビリティ」は「見える価値」として衣服に反映されづらいものである、ということもできるでしょう。このような評価尺度は、どのように人々に理解・評価されているのでしょうか。</u>

　「廃棄」は必ずしも消費者にとって見える価値として存在する評価尺度ではありません。ゼロ・ウェイストはある特定のルックではなく、ファッションデザインにおけるある種の哲学ともいえます。したがって、サステナビリティは必ずしも「見える」ことを必要とはしていませんが、私たちの生活のなかに包括的な視点にたった判断が増えてきているのは事実です。サステナビリティのような価値は企業間での競争においてコア・バリューとして提示されると考えられるでしょう。
　近い未来、サステナビリティが当然のように扱われることになれば、市場での価値創造には結びつかなくなります。このような視点に立脚すると、あらゆるビジネス活動はなにを目指しているのか、誠実に見直すことが肝要ではないかと思います。

ip 研究者紹介

　他方で、サステナビリティの欠如は如実に可視化されているともいえます。例えば、縫製のための安価な労働力を追求した結果として崩落事故を起こしたバングラデシュの「ラナ・プラザ」ビルや、ウズベキスタンの綿花栽培における児童労働などの写真や映像は、サステナビリティの欠如を強く露わにします。多岐にわたるファッション産業が引き起こす人間や自然環境に対する損害は、私たちも「責任」を負うところがあるのです。ここで私は「責任」という言葉を用いましたが、それは誰かを責め罪を負わせることでも、倫理を追求することでもありません。ワーナー・エアハード（Werner Erhard）がいうように「責任」とは立ち位置であり、行動するための文脈である、と私は考えています。

<u>サステナビリティとファッションについて伺いたいと思います。あなたの研究やデザインプロジェクトはデザインプロセスとテクニックに焦点を当て、両者の衝突を調整しようとする試みともいえますが、あなたが考えるファッションデザイナーが今後担うべき役割とはなんでしょうか。あなたは型紙制作が創造的なデザインプロセスと等価に位置づけられるべきであると論文で述べていますが、コンピューテーショナルデザインの台頭によって、建築やプロダクトデザインの領域においては意匠、設計、計画といった概念がすでに統合されつつある状況です。では、未来のファッションデザインのプロセスにおける多様な要素が統合される未来とはどのようにして実現可能となりえるのでしょうか。</u>

　端的にいえば、私は「つくる」（making）が創造的プロセスにおいて不可欠なものとなると見ています。スケッチはアイデア出しの段階において極めて重要ですが、それは完成案を推測しているにすぎません。ファッションにおけるリアリティとは、重力によって身体を覆う布が落ちるときに現われます。型紙の制作も縫製と同様、あくまで部分的な創造的プロセスです。しかし、実験的な縫製に関する講義をしている際も、私が教えている学生はしばしば困惑することがあります。彼らにしてみれば縫製はデザインとなんの関係もないものであり、彼らの目の届かないどこかで起きているかのように捉えられているのでしょう。

ファッション画の魅力は認めますが、デザインが完全に完成した衣服として成立するのは、動き、呼吸し、生きる身体を覆うときです。

　他方、すでにさまざまな技術が創造的に活用されており、イリス・ヴァン・ヘルペン（Iris van Harpen）による3Dプリントされたドレスや、ホリー・マキリアン（Holly McQuillan）によるアドビ・イラストレータを用いた型紙制作、スザンヌ・リー（Suzanne Lee）による素材培養などさまざまな事例があるのは事実です。これら新しいファッションへのアプローチが必要であることは疑いのないことであり、さらに多くの方法が開発され、未来のファッションと人間の関係性を示唆することが望まれます。ファッション業界で働くすべての人が安全に家族を養うことができること、そしてファッションデザインの「経験」をより高め、豊かにすること。ファッションデザインの未来に関する評価尺度を全員で議論し、設定していく機運は高まりつつありますので、ぜひ多くの方に参加していただきたいと思います。

<u>生きた身体を覆う衣服こそが生きられる衣服である、というあなたの発想には共感します。実際、ヴィオネのバイアスカットは内包される「身体」が介在しないと形が抽象的で非常につくりづらいものです。高度な立体裁断や縫製の技術にかなり卓越していないと成立しえないデザインもあります。同様にデザインプロセスとしてゼロ・ウェイスト・ファッションを普及させるためには、同様の課題をクリアしないといけなくなるかと想定されます。これからの展望として、ゼロ・ウェイスト・ファッションはなにを検討すべきとお考えでしょうか。</u>

　まず、もっと多くのファッションデザイナーがゼロ・ウェイスト・ファッションを学び、さまざまな言説が生まれることが必要です。ホリー・マキリアンと手がけた書籍（2015年刊行予定、後述）の目的のひとつに、自分たちがこれまで発見してきたことを前提に、さらなる実験的デザインを促進させることがあります。ファッションデザインを教える人たちに、ぜひ楽しんで書籍のなかのアイデアを実際に試してみてほしいという思いがあります。一方、より広義の文脈においては、

これ以上デザイナーは必要ありません。過去数十年にわたりファッションに対する人々の興味が爆発的に広まったことは良いのですが、ファッションデザイナー「だけ」がファッションデザイン領域で取り上げられることが次第に重要な問題となっています。テイラー、ドレスメイカー、パターンカッター、刺繍職人、染織職人など、高度な技術をもつ人がもっと必要ですし、そういった技術を教育・普及することも大切です。ゼノビア・ベイリー（Xenobia Bailey）という優れたクロシェ作家が私にかつてこう言いました。「私たちは、巣のつくり方をしらない鳥になるかのような危機と直面している」と。

さらに、キュレーター、詩人、批評家の存在も忘れてはいけません。製品の拡散と社会、産業の健全な状態を図ることは、分けて検討させるべきです。現在用いられている視野の狭い経済的な評価尺度を乗り越え、まったく異なるかたちで「成功」を評価する必要があると思います。

<u>あなたも含め、サステナブル・ファッションの研究者であるジュリアン・ロバーツ（Julian Roberts）やホリー・マキリアンらはオープンデザインとして、クリエイティブ・コモンズ・ライセンスなどを用いてデザインの方法を世界に公開しています。クリエイティブ・コモンズやオープンデザインの重要な理念には「継承」や「改変」を担保することがあると思いますが、現在公開されているゼロ・ウェイスト・ファッションのデータには、どのような継承と改変が認められるのでしょうか。</u>

私が公開しているデータを人々がどのように使っているのかは、正直積極的にフォローしていません。ときどき、私が作成した型紙を基にゼロ・ウェイスト・ファッションを試した成果をEメールで教えてくれる人がいます。こういった試み自体は否定しませんが、私が気にしているのは、その多くは美しさよりもいかに布の廃棄量を削減するかに重きが置かれていることです。多くの美しくないゼロ・ウェイスト・ファッションの写真が私のメール受信箱に送られてきますが、それに対してどのようなコミュニケーションをとればよいのかは難しいところです。より多くの実験を期待しつつも、見知らぬ人からのメールに対してどういった批評をするのが適切なのでしょうか。概してファッション

デザインには批評が欠如していると思います。ニューヨーク、ロンドン、ミラノ、パリのランウェイに出る服の多くは凡庸で、人間の成長や進化に対しての視点からすれば不必要です。私の立場からすると、ファッションウィークやファッションショーの未来や、その妥当性は疑問です。ファッション批評、特にブログやSNSで展開されるものの多くは「好きか嫌いか」程度の内容ですし、『プロジェクト・ランウェイ／NYデザイナーズバトル』のようなリアリティ番組が、デザインにおける重要な要素としての技術を「タレント」に交換してしまったことも問題でしょう。

ゼロ・ウェイスト・ファッションが世間に認知され定着するためには、オンライン／オフライン双方のアーカイブが知識の共有という観点から必須であろうと私たちは考えています。あなたにもし時間があれば、ほぼすべての人に向けてアクセス可能で利用しやすいデータをどのようにアーカイブしますか。レシピのようなものづくりのハウツーを公開するのでしょうか、あるいはユーザ独自のゼロ・ウェイスト・ファッションを支援するようなになにかになるのでしょうか。

　私は誰しもが模倣し実験できるよう、過去10年にわたり作品を型紙として自分のブログで紹介しています。しかし、ゼロ・ウェイスト・ファッションが規範的なものとして理解されないほうがよいと考えています。私はパーソンズでゼロ・ウェイスト・ファッションのコースを運営してもう5年になりますが、毎学期履修する学生の創造性に対して驚き、インスピレーションがあります。どれもが毎回、まったく異なるデザインとして仕上がります。とはいえ、模倣とは学びのうえで非常に有効な方法です。ヴィオネのデザイン哲学について理解を深めることができたのは、私が実際に彼女のデザインをベティ・カークのヴィオネに関する書籍から学び、模倣したからです。同様にヴィヴィアン・ウェストウッドが歴史を参照する方法も深く豊かであり、「見た目」だけ模倣することが常套手段となっているファッション業界では珍しいことです。過去からつねに学び、自分の創造する未来に向ける姿勢は大切です。

> ゼロ・ウェイスト・ファッションを含めてサステナブル・ファッションの裾野は広範にわたり、経済学や材料工学までその範疇に含まれるかと思います。イギリスにはケイト・フレッチャー（Kate Fletcher）やアリソン・グウィルト（Alison Gwilt）などの専門的な研究者もいますが、まだ世界的にその数は多いとはいえません。ミラノ工科大学が牽引するDESIS（Design for Social Innovation and Sustainability）ネットワークのように、サステナブル・ファッションのコミュニティが世界的ネットワークとなり多角的に検討されることが望まれますが、そうなるためにはなにが重要な要素として検討される必要があるとお考えでしょうか。

　情報の公開、共有が鍵となるかと思いますが、企業間競争や、想定される、あるいは現実的なニーズを前提とすると簡単なことではなさそうです。とはいえ、サステナビリティに関するゴールは、少なくとも自明な事柄に関しては共有されています。縫製工場の労働者が危険な環境で作業に従事しないようにすることの重要性は、誰もが理解しています。私たちがコミットするのは、大学組織間の障壁であれ、企業間競争の障壁であれ、国家間の障壁であれ、さまざまな障壁を越えたところにあるゴールです。ケイト・フレッチャーとマチルダ・サム（Mathilda Tham）編著の『Routledge Handbook of Sustainability and Fashion』（Routledge, 2015）はさまざまな領域の専門家を集め、次の10年の研究アジェンダを明確に示しています。また、フレッチャーが主導した「Local Wisdom」プロジェクト（2012-14年）は世界中の七つの大学の協働によってファッションにおける「利用」をデザインの文脈で研究しています。さらに、スウェーデンが主導した「Mistra Future Fashion」プロジェクトは多様な利害関係者からなる産学協同で推進されました。ファッションのユーザー、つまり私たち全員がこの言説に積極的に参与することが必須なのです。

> 最後に2015年に刊行予定の書籍について、どんな内容なのかご紹介ください。

ホリー・マキリアンと私が著書の『Zero Waste Fashion Design』を2015年後半、Bloomsburyから刊行する予定です。20年以上にわたるゼロ・ウェイスト・ファッションの実践の成果を編纂したもので、おそらくこのトピックに特化した初の書籍になります。テキストだけでは理解しづらいこともあり、ビジュアル資料を豊富に用いました。世界中のデザイナーによる多数の作品紹介を通して、ゼロ・ウェイスト・ファッションとは特定の美学に根ざしたものではないことを示せればと考えています。ゼロ・ウェイスト・ファッションとはデザインの哲学であり、消費者も含めたあらゆる人の美的判断に対応しうるデザインプロセスだからです。個人的には、この書籍がゼロ・ウェイスト・ファッションだけに留まらずファッションと私たち、あるいはファッションが拡張する生活との関係性にまで新たに議論を誘発することができればと思います。

ティモ・リサネン(Timo Rissanen)
パーソンズ美術大学ファッションデザイン&サステナビリティ准教授、AAS Fashion Design AAS Fashion Marketingプログラムディレクター。
ゼロ・ウェイスト・ファッションに関する研究で、シドニー工科大学にてPhD取得(2013年)。
フィンランド、スペイン、オーストラリアとアメリカに住んだ経験から、ファッションとデザインに関してローカルな視点からグローバルな課題に取り組んでいる。

critical essay

–

「名前がないブランド」の可能性　　高城梨理世
ドラッグ＆ドラァグ　　柴田英里
(YET)UNDESIGNED DESIGN　　NOSIGNER／太刀川英輔
イメージをまとわせる　　　山内朋樹

ce

critical essay

「名前がないブランド」の可能性
エレガンスとコンセプチュアルを巡って

高城梨理世

「名前がないブランド」をご存じだろうか。奇をてらわないシンプルなデザイン、身体に自然に沿うパターン、それらから生まれるエレガントなたたずまいは、他の日本のファッションブランドやファッションシーンとは一線を画している。

「名前がないブランド」は、2009年に小野智海氏が立ち上げたブランドである。現在は「名前がないブランド」という呼称が定着しつつあるが、このような名前を小野氏がつけたのではなく、ブランドに名前をつけなかったために、結果的にこのように呼ばれるようになった。小野氏は、文化服装学院のファッション工科課程の途中から、東京芸術大学美術学部芸術学科に入学し美学を専攻するという、やや異色な経歴を持つ。卒業後は、渡仏しエコール・ドゥ・ラ・シャンブル・サンディカル・ドゥ・ラ・クチュール・パリジェンヌ(Ecole de la Chambre Syndicale de la Couture Parisienne)でオートクチュールの技術とデザインを学び、ルフラン・フェラン(Lefranc Ferrant)、メゾン・マルタン・マルジェラ(Maison Martin Margiela)で経験を積み帰国、その後2009年にブランドを立ち上げた。

小野氏は、ブランドに名前をつけなかった理由について、以前中のインタビューで以下のようなことを述べている。ブランド名が無いということは、二重の意味において無いということが無いからだ、ということ、そ

れはイメージの排除というより、ひとつのイメージではなくより豊かで変化のあるイメージをいかに共有するかが大切であるということ、そして、匿名性ということではなく、本の著者のようなかたちで別のモデルを思考するということ、ということである[1]。

「名前をつける」という行為は、ある対象物に固有の概念を与えるもので、それをその他のものと区別して認識するために行なうものなので、あえて名前をつけないことによってより豊かなイメージを共有する、という小野氏の発想は、非常に理にかなったもののように感じられる。例えば、イッセイミヤケといえば「一枚の布」や「プリーツ・プリーズ」を想起する、コム・デ・ギャルソンと言えば「ボロルック」や「コブドレス」を思い出すといったようなことは、ブランドと彼らの制作物に対する「名づけ」が強烈に結びつき、ステレオタイプとも言うべきイメージが固まったものであるだろう。また、コム・デ・ギャルソンに関しては、新旧問わずさまざまなインタビューや論評で、「少年のように」というその名前を巡る問いかけが繰り返されている。

ブランドネームでも、シリーズ名でも、第三者に付けられたコードネームであっても、名前が「ある」ということで、ひとはそこに意味があると信じ、なにかしらの概念をつくり上げ、共有できる一定の認識をつくり上げていく。逆に、名前が「ない」ということは、意味があるかどうかを考えさせることであり、意味がある、ないに関わらず、イメージの余白を残すことである。なぜ名前をつけなかったのかと問い、名前がない、ということに対してこのように論じている時点で、やはり「名づけ」に意味を見出し、そこからイメージを掬い上げようとしているのかもしれないが、問いかけにイコールになる答えが用意されていないということは、問うたそれぞれがイメージを膨らませざるをえず、それは誰しも共有できる概念にはなりえないだろう。それが、イメージの余白、小野氏のいう「より豊かで変化のあるイメージ」というものであると考える。

日本のファッションシーンを見渡してみると、小野氏のこのような考え方は特異である。とくに「若手」と呼ばれるような、「名前がないブランド」と同時期に立ち上がった日本人デザイナーによるブランドは、ブランド名、ブランドコンセプトに重きを置き、「コンセプチュアル」と呼ばれるような制作活動をしているものが非常に多いように感じられるから

だ。例えば、2015年の春夏シーズンにパリ・コレクションデビューを果たしたアンリアレイジ、ファッション展の企画や学校の主催など精力的に活動する山縣良和、坂部三樹郎が手掛けるリトゥンアフターワーズとミキオサカベ、毎回コンセプトにちなんだ個性的なショーを展開するシアタープロダクツなど、枚挙にいとまがないだろう。また、先にあげたコム・デ・ギャルソンや、同時期にパリ・コレクションデビューしたヨウジヤマモト、さらに彼らより先に海外に渡っているケンゾーやイッセイミヤケも、デビュー当初からシーズンごとに強烈なコンセプトを打ち出した展開をしてきているし、1990年代に原宿のストリート・カルチャーの影響下で人気となったさまざまなブランドも、ストリート発生のコンセプトを落とし込んだ展開で脚光を浴びていた。

　日本のファッションにおいて、このようにコンセプト重視の展開が多い理由は、繰り返し述べられてきていることかもしれないが、やはり日本のファッションが、伝統的な階級社会を背景にしたヨーロッパのファッションとは異なり、そもそもそれらへの憧憬やアンチテーゼがもとになっていることや、ストリートを基軸として発展してきた成り立ちがあるからだと考えられる。「伝統」に対抗するものとしてなにかしらのコンセプトを基軸としてデザインを展開した先人たち、その姿勢を受け継いで出てきた若手のデザイナーによるさらにコンセプト重視の展開、または原宿や秋葉原など、「TOKYO」として世界から注目されるストリートから発生するムーヴメントをコンセプトに落とし込む手法、そしてごく最近ではインターネット上で展開されるポップ・カルチャーをコンセプトとしてファッションに昇華させているデザイナーも散見される。つまり、やや乱暴にまとめてしまうと、日本のファッションシーンにおいては、1970年代から今日に至るまで、伝統的なものへのアンチテーゼ、ストリート・カルチャー、インターネットのように、「いまそこにあるもの」を表現するためのコンセプトをつくり込み、ファッションとして表現していくものが主流で、それこそが日本のファッションのひとつの伝統になっているように思われるのだ。

　もちろん、「コンセプチュアル」であることが日本だけという問題ではないのだが、ここで気になる点としては、日本のファッションにおいて、「コンセプチュアル」であることと、「エレガント」であることが同時に成立し

ているブランドが極端に少ないことである。この二つを両立すること自体ありえないのかと言えば、海外のブランドに目を向けてみるとそうではないことは明らかなのだが、日本においては、ほぼ成立していないように感じられる。例えば、両立しているブランドとして、小野氏が在籍していたメゾン・マルタン・マルジェラが筆頭として挙げられるし、長い歴史をもつシャネルやルイ・ヴィトン、クリスチャン・ディオールといったブランドも、その時流にあったデザイナーを起用することで、エレガントさに時勢をみたコンセプトを織り込んだコレクションを展開している。

　ではなぜ、日本においては同時に成立することが難しいのか。その理由として、先に述べたような、ストリートやポップ・カルチャーを基軸として「コンセプチュアル」な表現をしているデザイナーが多い、ということがひとつ挙げられるが、二点目として、小野氏が述べている、「ひとつのイメージではなくより豊かで変化のあるイメージをいかに共有するかが大切である」ということにヒントがあるように思われる。

　「エレガント」とはどういうことだろうか。直訳すると「落ち着いて気品のある」、または「優美な」という日本語に相当し、特にパリ・コレクションに登場する老舗ブランドを、なんとなくこの言葉からイメージする人は多いだろう。では、なぜそのようなイメージを抱くのか。もちろん、歴史に裏打ちされたたしかな技術からもたらされるデザインとシルエット、ヨーロッパの伝統的な社会的規範にマッチした「女性らしさ」の創出等がまずは挙げられる。しかし、前述したように、老舗ブランドとて時流に合ったデザイナーを起用し、古くから続くブランドイメージに新たな風を吹き込み、シーズンごとに時にはアグレッシブにコンセプトを付加したコレクションを発表している。それでも、彼らの発表するコレクションから「エレガント」という雰囲気が失われることはない。

　これは、いかに新規なコンセプトを乗せたコレクションを発表しようと、例えばブランドがもともと持つイメージや伝統であったり、そこから広がる女性像や美しさの定義であったり、またはコンセプトそのものに対するさまざまな角度からのアプローチであったり、コレクションに触れる人それぞれが解釈できる「余白」が残されているからのように感じられる。まさに、小野氏のいう「より豊かで変化のあるイメージ」である。直近の2015年秋冬のパリ・コレクションでは、エディ・スリマンによる

ロック調のサン゠ローランが印象的だったが、われわれはこのコレクションから、イヴ・サン゠ローランの時代から続く華やかで美しい女性らしさの影を観ることもできるし、まさしくエディ・スリマンらしいロックテイストとのミクスチャーとしてのみ観ることもできる。また、彼の仕事を伝統的なブランドを革新しようとするものと語ることもできるし、ラグジュアリーにおけるパンク・ロックテイストの在り方を疑問視するように語ることもできるだろう。さらには、このような触れる人それぞれがそれぞれにイメージを持つことができるということは、ブランドやコレクション、そしてそれを構成する服が、観る人、着る人との関係性のなかで成立していくものであることだと言えるのではないだろうか。

日本において「コンセプチュアル」なブランドは、反対に、観る人、着る人に自由なイメージを与える余白をあまり持たず、ブランドそのものとして、またはシーズンごとに確固たるコンセプトを打ち出し、一枚の服それだけで完結しているような印象を受けるものが多いように感じる。しかし、「名前がないブランド」の服は、ブランド名に名前を付けなかったということだけではなく、着る人によって見え方が変わることを意識した服の作りや、過去のピースをリバイズして取り入れることによる時間軸の反復を通じて、触れる人それぞれに異なるイメージを喚起する。それはまさに、服が観る人、着る人との関係性のなかで成立している、ということであり、だからこそ「名前がないブランド」の服からは、ほかの日本のブランドからはなかなか感じられないような「エレガンス」を感じられるのではないだろうか。

日本人デザイナーの服にはエレガントなものがない、というのはよく見られる意見であるし、それはほとんどの場合、最初に挙げたような西洋的伝統の欠如やストリートとの距離感の近さから語られてきているように思う。しかし、ファッションを学ぶ場はグローバル化し、インターネットで世界中のファッションウィークやストリートファッションの様子がすぐに手に入り、過去のファッション・アーカイブへのアクセスも容易になった現在、そのようなことだけが理由とはならないだろう。重要なのは、当然のことながら、ファッションや服、またはそれを生み出す人の世界との関わり方、アプローチをどのように行なうのか、ということである。小野氏の独自の手法から生み出される「エレガンス」が、「コンセプチュア

ル」に傾きがちな日本のファッションシーンのなかで今後どのように展開されていくのか、今後を楽しみに観ていきたいと思う。

高城梨理世(たき・りりせ)
1984年生まれ。ファッション論。東京大学大学院総合文化研究科修了。現在はIT企業勤務。

1. 「インタビュー:デザイナー小野智海はなぜブランドに名前を付けなかったのか?」(http://www.fashionsnap.com/inside/tomoumi-ono/)

ドラッグ&ドラァグ
あらかじめ封印された「女の子カルチャー」と戦うための戦闘服として の MILK

柴田英里

・「女の子カルチャー」と MILK
　「女の子カルチャー」と名付けられうるものの中には、フラジャリティや男女二元論に基づく未成熟だが性的な存在としての少女性にのみ回収され、文化の成り立ちや意味が意識的にも無意識的にも誤読されているものがある。

　つまり、保守的な異性愛男性が欲望する「自立困難で、異性愛者で、センチメンタルな、成熟し切らない女性」の型に無理矢理押し込み、矮小化された文化の残滓のみをパッケージングして、あらかじめ劣った文化という想定のもと世に広められているものや、都合良く歴史化されたものが、残念ながらあるように思うのだ。

　ファッションブランド「MILK」の服は、「女の子カルチャー」の代名詞として紹介されることもよくあるが、45年の歴史を持つブランドであるにもかかわらず、深く考察されることは少ない。この文章では、「女の子カルチャー」という言葉にはとうてい収まりきらないMILKの歴史と魅力について考察していきたい。

critical essay | 柴田英里　ドラァグ＆ドラァグ　227

・モードとアイドルから始まったMILK

　1970年、原宿のセントラルアパートの一角に、ニットを中心とした婦人服ブランドとしてオープンしたMILK（図1）は、オープンするや否や、日本初の女性服飾デザイナーであり民族衣装研究家の田中千代が監修する雑誌『服装』（婦人生活社）で大きく取り上げられ、天地真理や南沙織、キャンディーズなどのアイドルに衣装提供をするようになり、一躍有名になった。

　ひと一人通るのがやっとの、販売する衣類同様細く小さな¹7坪の店内はあっという間に人で溢れかえり、アイドルやセレブをはじめ、多くの有名人も来店した。

図1　ムック『MILK』（宝島社）　2011年8月5日発行（1頁）

　MILKのデザイナー、大川ひとみのキャリアは、モードとアイドルから始まったのだ。『服装』では、MILKの代名詞である色鮮やかなニットやワンピース、ボーダーやギンガムチェックやフリルのカットソーやブラウスを着用したモデルが表紙をはじめ多数登場する（図2）だけでなく、ファッションデザイナーかつ民族衣装研究者である田中千代の趣向なのか、東洋繊維をはじめとした繊維会社が新しく開発した布などを使っての衣類制作が型紙付きで紹介されていた²。

　また、世界各地をロケに、エジプトの砂漠を歩く遊牧民の娘、ピンナップガール、アメリカンカレッジガールと東欧の貧しい娘、ヨーロッパの娼婦やナチスの将校、ビュー

図2-1　雑誌『服装』（婦人生活社）　1974年3月号

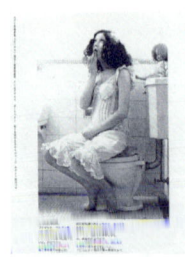

図2-2　雑誌『服装』(婦人生活社)
1972年3月号

図2-3　雑誌『服装』(婦人生活社)
1972年5月号

図2-4　雑誌『服装』(婦人生活社)
1971年9月号

図2-5　雑誌『服装』(婦人生活社)
1972年7月号

図2-6　雑誌『服装』(婦人生活社)　1974年1月号(27頁)

図2-7　雑誌『服装』(婦人生活社)
1974年1月号(20頁)

リタンの女教師に6月の花嫁といった、時代・人種・文化を超えた衣装の世界を展開していった(図3)。

　それは、壮大な「ごっこ遊び」に他ならなかった。

図3-1　雑誌『服装』(婦人生活社)
1972年1月号(2-3頁)

図3-2　雑誌『服装』(婦人生活社)
1972年2月号(28頁)

図3-3　雑誌『服装』(婦人生活社)
1973年10月号(74頁)

critical essay | 柴田英里　ドラッグ&ドラァグ　229

図3-4　雑誌『服装』(婦人生活社) 1971年10月号(1頁)

図3-5　雑誌『服装』(婦人生活社) 1974年2月号(20頁)

図3-6　雑誌『服装』(婦人生活社) 1972年1月号(119頁)

図3-7　雑誌『服装』(婦人生活社) 1972年2月号(27頁)

図3-8　雑誌『服装』(婦人生活社) 1971年6月号(16頁)

図3-9　雑誌『服装』(婦人生活社) 1972年12月号(11頁)

図3-10　雑誌『服装』(婦人生活社) 1971年12月号(122頁)

図3-11　雑誌『服装』(婦人生活社) 1971年11月号(67頁)

図3-12　雑誌『服装』(婦人生活社) 1971年11月号(3頁)

MILKの衣服は1970年から一貫して、あっけらかんとした享楽と、皮肉たっぷりのシニカルな批評精神を兼ね備えているのではなかろうか。細身で淡く甘い色味、フリルたっぷりのアイドル衣装、ギンガムチェックやター

タンチェックのスーツ、セーラーカラーのワンピース、どれもみな、フラジャイルな少女性や貧しい「女の子カルチャー」の体現ではないと言い切れる理由のひとつには、「ごっこ遊び」という、偽物になること、あるいは本物にならないことを目的とした遊びの精神が変わらずに受け継がれていることがある。

・ドラッグとドラァグ

　大体、MILKというブランドの名前自体が、センチメンタルになるには暴力的すぎるし、メランコリーに浸るにはふざけ過ぎている。ブランド名である『MILK』とは、アンソニー・バージェスによるディストピア小説であり、スタンリー・キューブリックの映画において圧倒的なビジュアルイメージで多くの若者を魅了した『時計仕掛けのオレンジ』において、主人公アレックスをはじめとした不良少年たちが夜な夜な退廃的かつ未来的なコロヴァ・ミルク・バーで嗜むドラッグ入りのミルク、「ミルクプラス」が由来であると言われている。

　MILKのテキスタイルでは、しばしば苺や薔薇といった「甘くてかわいい」モチーフの中に、髑髏や血といった「不吉でおどろおどろしい」モチーフが紛れ込んだものが登場する。

　近年のテキスタイルでも、2007年の秋に発売されし、ギンガムチェックに苺というステレオタイプな「か

図4　ムック『MILK』(宝島社)　2011年8月5日発行(26頁)

図5　MILK2010年 Autumn カタログ

わいい」の中に髑髏が潜んでいる「スカルストロベリーギンガム」（図4）シリーズや、2010年の秋に発売された、オーロラに輝く都市の中にコウモリが忍び寄る美しくも不吉な「オーロラシティ」（図5）シリーズ。2013年の春に発売されたパステルカラーのバナナ柄の中に頭部がバナナ型に変形したシュールで少し不気味なクマが潜む「バナナボーイ」（図6）シリーズ、同じく2013年の夏に発売された血と薔薇がモチーフのぱっと見はかわいいながらもよく見ると中二病全開な「ローズブラッド」（図7）シリーズなどなど、「甘辛ミックス」とい

図6　筆者私物

図7　筆者私物

う生易しいものではなく、さながら甘いミルクの中にドラッグを混ぜた「ミルクプラス」のようなデザインを多数発表している。

　『時計仕掛けのオレンジ』のアレックスたちが「ミルクプラス」をキメてやることといえば、出鱈目な破壊と乱痴気騒ぎに他ならないが、「かわいい」の中に「不気味なもの」を混ぜ込んだMILKの服は、着る者に高揚と衝動と不気味な楽しさを与えてくれるのではないだろうか。

　そして、1984年に、MILKのハイブランドとして誕生した『OBSCURE DESIRE OF BOURGEOISIE』（以下、O.D.O.Bと表記）は、ルイス・ブニュエルの晩年の傑作映画のタイトル（邦題は『ブルジョワジーの秘かな愉しみ』）からそのままとられたという。映画『ブルジョワジーの秘かな愉しみ』は、説明するのが非常に難儀な映画であるが、登場する6人のブルジョワたちが、会食のために集合するは良いが、さまざまな不条理な理由で食事をすることができないという、反権威的ブラック・コメディである。この映画のクライマックスにおいて、6人のブルジョワたちがなにもないあぜ道を途方もなく歩いていくシーンは、虚無的かつ滑稽ながらも大変美しい

のであるが、その「裕福なのに満たされない」者たちが描かれた映画タイトルを、ハイブランドの名前として使ってしまう大川は、まるで、「装いとは自らの滑稽さすらも引き受けることである」と主張するかのようである。

MILKとO.D.O.B、『時計仕掛けのオレンジ』の「ミルクプラス」と『ブルジョワジーの秘かな愉しみ』に込められた意味は、出鱈目な破壊衝動と乱痴気騒ぎをすることと、滑稽さを引き受けながらの「ごっこ遊び」を楽しむことであり、そうした「ごっこ遊び」は、「ごっこ遊び」である以上滑稽さを引き受けながらも引き受けた意味そのものからずれてしまうだろう。そうであるならば、MILK、O.D.O.Bの衣服は、ドラァグ[3]のための衣服と言うこともできるのではなかろうか。

事実、モデルたちがピュービル[4]作の巨大な樹脂ウィッグを被って登場した、1994年秋冬ショー（図8）は、世間にはびこる「かわいい女の子」というイメージをバカバカしく脱臼させるドラァグショーのようだ。

MILKの洋服を着ることは、「アイドル」の、「女学生」の、「兵隊」の、「女の子」の模倣であり、ドラァグ的な再演と考えると、1970年代からの80年代[5]のアイドルブームを

図8　ムック『MILK』（宝島社）　2011年8月5日発行（16頁）

陰で支えたMILKのアイドル衣装が、アイドルたちをいっそう輝かせた理由もおのずとわかる。「アイドルのための衣装」ではなく、「アイドルごっこのための衣装」を身にまとうアイドルは、その時点でアイドルから一歩はみ出した未知の存在になるからだ。

・ロリータ、カジュアルロリータとMILKの関係

さて、2001年にゴシック・ロリータカルチャーが台頭してからは、「カジュアルロリータ」と分類されることもあるMILKであるが、その他のカジュアルロリータと分類されるブランドであるジェーン・マープル（Jane Marple）やシャーリー・テンプル（Shirley Temple）、エミリー・テンプル・キュート（Emily Temple cute）など[6]と決定的に違うところは、「かわい

い」に含まれる「毒素」が圧倒的に高いところと、メンズ服も展開しているところではないだろうか。

　ジェーン・マープルのブランド名の由来はアガサ・クリスティーの小説に出てくるおばあさんの探偵で、「年齢を超えたときめき」がブランドコンセプトであり、ハリウッドの子役スターであったシャーリー・テンプルとライセンス契約をして誕生したのが「シャーリー・テンプル」である。ドラッグ入りミルクがブランドの由来であるMILKのほうがブランド名からして「毒素」が強いことは明白であるだけでなく、大川はヴィヴィアン・ウエストウッドやパトリック・コックスといったイギリスのパンク・ストリート系デザイナーと交流が深く、雑誌『GINZA』(マガジンハウス)2014年11月号のインタビューでは、「当時、ロンドンのバスストップという店が好きで『なんでこういうお店が日本にはないんだろう、よし私が作っちゃおう！』と思って始めたのがMILK」と答えていることからも、ロンドンのパンク・ストリートファッションにインスピレーションを得ていることがわかる。

　MILKはロリータ、ゴシック・ロリータファッションと混同されることもあるが、「MILKはロリータ、ゴシック・ロリータファッションではない」といえる理由も上記のとおりである。さらに、ロリータ、ゴシック・ロリータは、「典型的なスタイル」や「様式」を尊重する向きが強く、この点でもMILKとは意匠が異なる。

・ヴィヴィアン・ガールズのための戦闘服

　年に2回、1月と7月の休日に、1日限定でMILK原宿本店の地下を使った「アトリエセール」が開催される。この2日間は、多くのMILKの服を着た者たちが一度に見られるまたとない機会だ。MILKとメンズラインであるMILKBOYの洋服が全品50-70% OFFになるだけでなく、販売されるに至らなかったレアなサンプルの販売もあるので、MILKの洋服が好きな者たちが数多く集まる。始発が出るか出ないかの時間から、原宿明治通りを1本裏に入ったMILK原宿本店の裏に、色とりどりのカラフルなMILKの服を纏った者たちが集まり列をなす風景は祝祭的で、それはまるで、ヘンリー・ダーガーが生涯を通して描き続けた『非現実の王国で』の、ヴィヴィアン・ガールズたちの絵巻物のようだ。

「若くて、才能のある女の子を応援したい」——数々のインタビューで大川は繰り返し言う。

MILKの洋服は、大川ひとみがフラジャイルな「女の子カルチャー」に封印されない者たちに贈る、ドラッグでドラァグな戦闘服なのである。

柴田英里（しばた・えり）
1984年名古屋生まれ。2011年東京藝術大学大学院美術研究科彫刻領域修了。美術家・文筆家。サイボーグ・フェミニズムやクィアスタディーズをベースに、彫刻史において蔑ろにされてきた装飾性と、彫刻身体の攪乱と拡張をメインテーマに活動している。

---

1. 現在のMILKはJIS規格の9号のみだが、1979年まではSサイズB78W58H82、MサイズB81W60H88、1979年からはSサイズB83W63H88、MサイズB86W66H92というサイズ。なお、いつからJIS規格9号サイズのみになったのかはわからなかった。

2. この企画はMILKのデザイナーである大川ひとみだけでなく、コム・デ・ギャルソンの川久保玲、芦田淳、三宅一生、金子功、山本寛斎など、後のDCブランドブームを牽引するデザイナー、現代の日本を代表するデザイナーたちが型紙付きのデザインを披露するという豪華さであった。

3. ドラァグクイーン。ドレスやハイヒールなどの派手な衣装を身にまとい、鬘や厚化粧で「女性のパロディ」や「女性の性を遊ぶこと」を行なう者。ドラァグとは「引きずる」という意味、薬のドラッグと区別する立場から「ドラァグ」と表記することが多い。

4. 現在は「ビューびる」名義で活動する現代美術家。MtFトランスであり、セクシャリティやジェンダーをテーマとした写真や彫刻作品を多く発表している。

5. 1980年代のMILKは、松田聖子やチェッカーズをはじめとした人気アイドルたちの衣装を多く手がけ、「紅白歌合戦」の衣装なども多く制作した。

6. MILKのデザイナーの一人だった村野めぐみが1985年に立ち上げたジェーン・マーブル、1974年にMILKのデザイナーの一人だった柳川れいが立ち上げた子供服ブランド、シャーリー・テンプルと、その姉妹ブランドで1998年から展開されているエミリー・テンプル・キュート。

【参考文献】
雑誌『服装』（婦人生活社）（1970〜1974年）
雑誌『セブンティーン』（集英社）（1978〜1980年）
雑誌『装苑』（文化出版局）（1991〜1997年）
雑誌『BRUTUS』（マガジンハウス）……1996年6月1日号
雑誌『装苑』（文化出版局）……2006年10月号
ムック『MILK』（宝島社）……2011年8月5日発行
ムック『HARAJUKU』（ぴあMOOK）……2012年4月30日発行
雑誌『GINZA』（マガジンハウス）……2014年11月号
雑誌『宝島AGE』（宝島社）（2015年 No.1、2015年1月25日発行
MILKカタログ

(YET)UNDESIGNED DESIGN
デザインしないデザイン

NOSIGNER ／太刀川英輔

　デザイナーなら、最高のデザインをつくりたいと思うことは自然で健康的なことだろう。なにが最高のデザインで、どうすればそこに辿り着けるのか。僕も、そんなことをずっと考えてきた。

　学生のころ建築を学んでいた僕は、デザインの面白さに目覚め、グラフィックやプロダクトのデザインを独学し始めた。しかしながら良いデザインをつくろうとしてもなかなか上手くいかない。格好いいものがつくりたいと思うデザイナーとしての自我は強くあったし、そんな自我のせいで、自分が本質的なデザインから遠ざかっている気もした。美しいものをつくることには段々と慣れてきているのに、そもそもなにをつくるべきなのかわからない。デザインがつくりたいのに、デザインをつくりたくない。このモヤモヤの正体がわかっていないのにつくってしまうと、それは最高のデザインにはなりえないという確信だけはあった。

　その疑問に答えようと、愚直にデザインを見つめなおすことにした。そもそもデザインとはなんであり、それは社会にとってどんな機能をもっていて、人はなんのためにデザインしなければいけないのか。そして、どうすれば最高のデザインがつくれるのか。無茶を承知で、なんとか最高

のデザインを定義したうえで、理想のデザインを逆算してみようと考えた。そんな青くさい愚直さの結果、僕がたどり着いた目標は「デザインしないデザイン」をつくることだった。デザイナーなのに、デザインしないとはいかにも皮肉であるが、それが最高の方法に思えたのだから仕方がない。そうして10年前、僕は「見えない関係性を紡ぎ、デザインしないデザインを生む仕事」という意味を持った、NOSIGNER（ノザイナー）になった。

・形と関係性のはざまに

デザインとは、形をつくることだ。それは語源を見てもよくわかる。デザインの語源はラテン語のdesignare（デジナーレ）から来ている。分解するとde-signareになるが、deが「そうする」という意味で、このsignareは「記号」つまり形のことなので、「形をつくる」というストレートな意味が語源として宿っている。

僕はその語源を初めて知ったときに、少しガッカリしたのを覚えている。それはおそらく、この語源が「形をつくる意味」の部分までを含んでいなかったので、片手落ちの言葉に感じられたからだった。デザインに対して僕がヒシヒシと感じていた可能性は、もっと世界と深く結びついた人間の本能に近いものだったはずだ。僕と同じように、デザインに可能性を感じている方はきっと共感してくれるだろう。本当に良いデザインをしようとすればするほど、デザインは形をつくるだけでは語りきれない。

椅子のデザイナーになったつもりで考えてみてほしい。あなたが優れたデザイナーであれば、椅子の形以前に「足が疲れずに楽になる状況」や「仕事に集中ができる環境」をつくろうとするだろう。そのために椅子の形は、私たちの膝の長さや太ももの長さ、体重など身体のスケールと深く関係し、使われる材料の強度や、つくり方の効率によって規定され、私たちの年収に見合った価格の製法に調整され、その椅子が置かれる空間との調和が考えられ……ここには書ききれないほどの無数の条件によって、暗闇での手探りのように徐々にあぶり出されていく。それらの条件が見通せていれば素晴らしい椅子のデザインになるし、それらが見通せていなければデザインは破綻する。興味深いことに、それが良いデザインであればあるほど、形は周囲との関係性によって自動的に決定するのだ。

こうしてみると、良いデザインに向かう行為は、われわれが「デザインする」ものではなく、むしろ「その形になってしまう」関係性を見つけることだと気づく。それは形をつくることとは間逆の出来事とは言えないだろうか。実際には、関係性から形の理由をたくさん見つける行為こそ、むしろ私たちがデザインと呼んでいるものなのではないか。

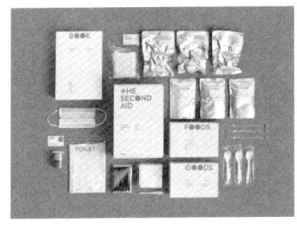

《THE SECOND AID》
復興支援のためのオープンデザインWIKI、《OLIVE》から派生し、東北の事業者であり被災者でもある高進商事とともに本棚に入る防災キットを提供している。

　私たちが意識をしなくても、つねに私たちは形をつくり続けている。私たちがなにかを触れば、触った場所がへこむ。関係しようとすると、形が生まれてしまうのだ。逆に、へこんだ場所だから、触りたくなることもある。触られてきた関係の積み重ねがへこみとして形に現われることを僕たちの無意識が知っているから、へこみそのものが関係するにふさわしい形として認識されるのかもしれない。

　こんな風に、形と関係の交換が自然の中ではつねに起こっている。水が流れれば、そこにくぼんだ形が生まれる。そしてくぼんだ形が、さらに効率的に水を流す。こうしてみると、自然はエントロピーを増大するという自然が求める関係性に向かってつねにデザインを自動的につくり続けている。

　森羅万象のあらゆる出来事で形と関係は表裏の関係になっている。デザインする、つまり形をつくるという、たったそれだけのことに、あらゆる関係性に紐づく壮大な奥行きがある。僕たち人間の想像力や観察力には限界があるが、その足りない思考を振り絞って、物が成立するための無数の関係性を集め、それを純粋に形に変換することができれば、僕たちも自然がそうしているように、美しいデザインの理想を生み出すことができるのだろうか。それを突き詰めようとして見える彼方は、なんとも途方に暮れる地平の先だ。

しかし途方に暮れると同時に、関係性を左右するデザインの可能性は膨大なものだと気づかないだろうか。ヨーゼフ・シュンペーターは、イノベーションの基本概念を、なにかとなにかのあいだに新しい関係性がもたらされることを指して「新結合」と定義した。新結合を生むには新しい形がいる。形と関係が裏返しなら、イノベーションとデザインがつねにセットなのは自明だ。デザインはつねにイノベーションを起こすトリガーとなる。

・未来に必要なデザインはどこにあるのか
デザインの可能性を最大化させたい。それがNOSIGNERの理念だ。自由闊達に関係性と形を往復できるような、広くて強力なデザインの構想力を持つためには、どうしたらいいのか。そう自分に問いかけるにあたって、いくつかの目標を課した。

デザインしないデザイン　5つの目標

「デザインの領域を特定しない、専門を超えた統合的なデザイン」
まず決めたことは「すべてのデザイン領域を学び、実践する」ことだった。グラフィックデザイン・建築デザイン・インダストリアルデザインなど、この100年のあいだに数々のデザイナーが磨いてきたクオリティの高い表現手法は、それぞれがとても強力なツールだ。だがひとつの領域のデザインだけを使って、総体的な関係性をつくろうとするのには無理がある。私たちはデザインの専門性を可能な限り同時に実践し、その領域間のシナジーを最大化することを目指している。そこで生まれるシナジーは、各専門分野が持つ可能性をいまよりもさらに開くと信じている。

「デザインしていないと感じるほどに、恣意のない素直なデザイン」
関係性に正直に形を限界まで削ぐと、関係性をそのまま形にすることが

できるはずだ。実際のところ、出来る限りデザインを最低限にし、関係性を最大化しようとすると、ただシンプルという言葉では言い表わせないほど、率直で見たことがないようなデザインが出来ることがある。例を挙げるなら、僕たちがデザインしたものに「衛星かぐやの月の3Dデータをそのまま照明にしたランプ」があるが、それはもはやNOSIGNERのデザインとは言いがたく、誰もが持つ記憶の中にある夜の光の具現化だ。愚直に素直さを追うと、個人のデザインを超えて共感する形が見つかることがある。まるでデザインされていないような、恣意性を超えるデザインを生みたい。

《The Moon》
JAXAの衛星「かぐや」が観測した月の3Dデータを元に、精巧な満月を再現したLEDライト。

「未だデザインされていない、未来に必要な課題解決のためのデザイン」
未来に必要なデザイン以外、もはやつくるべきではないだろう。そう考えたことからNOSIGNERはソーシャル・イノベーションにしか関わらないデザイン事務所になった。私たちは近視眼的に物がつくられ続ける現代の消費社会を生きている。20世紀が生んださまざまな歪みが地球環境や人類史の存続を危うくするほどに肥大化し、地球環境の激変や人口爆発、食糧危機、災害発生率の急上昇、人口の高齢化、エネルギー問題、生物多様性の喪失など、われわれの未来に迫る課題は枚挙に暇がない。もはや国も企業も、あらゆる組織にとって無視できないところまで来てしまった。その課題の多くはデザインにとって未開の領域であり、イノベーションの宝庫でもある。歴史の上でいまデザイナーがつくるべきもの、関わるべき関係性は、それらの課題の中にたしかにある。そこから生み出される重要なデザインの未来にワクワクしないだろうか。

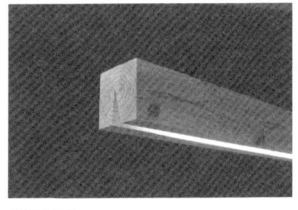

《KINOWA》
最もゴミの少ないサステナブルな家具をつくるため、間伐材の規格材をそのままの形で使うブランドを立ち上げた。写真は照明器具のBEAM。

<u>「個人のデザインで完結させない、オープンで集合知的なデザイン」</u>
プロジェクトに複雑に絡み合った関係性を同時に観察するには、さまざまな立場の視点が必要になる。同時にさまざまな立場の視点を想像することはもちろん、多くの人と同時に一緒につくっていくような集合知的なクリエイティブの方法論は、いまよりもさらに開拓しうるのではないだろうか。イノベーションに必要なのは 多様な分野間の発酵だ。たとえ多くの人が集まっても衆愚の罠に陥らず、集合知に辿り着くための仕組みは、ファシリテーションの技術のように徐々に確立されてきている。それは未来のデザイナーにとって、標準的なスキルになるだろう。そして、権利の継承を認めるオープンソースなデザインのあり方は、誰もがクリエイティブに参加できるプラットフォームとして、集合知のデザインを発展させるための重要な概念になるだろう。

<u>「近視眼的なデザインをしない、長い距離や時間を超えるデザイン」</u>
ここまで挙げた4つの目標を通して、目指すのはデザインが持つ視野の射程距離を可能な限り伸ばすことだ。そのデザインの材料はどのように調達され、どのようにつくられ、どのような関係を生み、どのくらいの期間にわたって使われ、使われた後はどのように廃棄され、それはどのように地球に帰っていくのか。デザインにまつわる縁の時間軸と空間軸を、僕たちは十分に読み取れているのだろうか。僕たちの想像力は残念ながらとても狭く、理想のデザインには程遠い

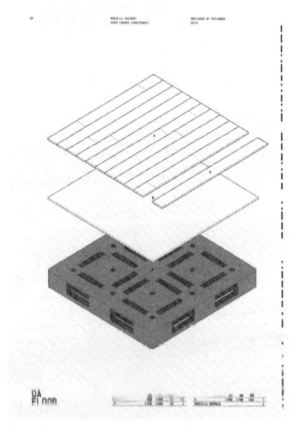

《Mozilla Factory Open Source Office》
Firefoxを提供する世界最大級のオープンソース・コミュニティ、Mozillaのオノイス。設計をすべてオープンソースにし、誰でも無料でダウンロードしてコピーできる空間とインフラのデザインを提供している。

かもしれない。それでも、これらの縁を可能な限り観察し、最大の想像力を働かせて、距離や時間を超えたデザインの必然性を見つめたい。そう思うのは、デザインを追う姿勢として自然なことだろう。

—

　ここに挙げる「デザインしないデザイン　5つの目標」は僕たちNOSIGNERのデザインに対する自戒であり、そして未来のデザインを生み出す条件そのものだと思っている。僕が話そうが話すまいが、ここに挙げるようなデザインの未来は具体的なかたちで社会のムーブメントとして現われるだろう。もし共感いただけるものがあれば、あなた自身がそのムーブメントの先駆者になってほしい。近視眼を超えて、未来に必要な関係性を持つデザインを生むことは、この時代に生きるすべての人への問いを孕んでいるから。

　現代までの創造者に最大の敬意を込めて、未来の創造者に最大のエールを。

COOL JAPAN MISSION

世界の課題をクリエイティブに解決する日本

Japan, a country that provides creative solutions to the challenges that the world faces.

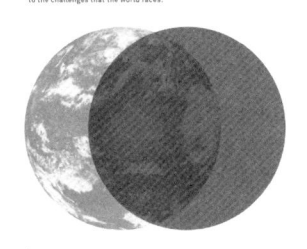

クールジャパンのミッション宣言
初代クールジャパン戦略担当相の稲田朋美元大臣とともに、クールジャパン推進会議のコンセプトディレクターとしてクールジャパンのミッション宣言を策定した。

太刀川英輔（たちかわ・えいすけ）
NOSIGNER代表。デザインストラテジスト。「社会に機能するデザイン」を理念にデザインイノベーション戦略を手がけ、国際的な評価を得ている。クールジャパン推進会議コンセプトディレクターとして、ミッション宣言「世界の課題を　クリエイティブに解決する日本」の策定に貢献。

イメージをまとわせる
植物のコラージュがかたちづくる亜生態系

山内朋樹

　パリのスズカケノキ（プラタナス）やマロニエ、マラケシュのジャカランダ、メキシコシティのメキシコトネリコ、リオデジャネイロのキャベツダイオウヤシ、バンコクのホウオウボク——世界各地を特集した旅行誌の表紙には特徴的な土地土地の景観が映しだされており、そこには街路樹や海岸並木といった植物の姿が見える（図1）。ページを繰っていくと、カフェのテラス席に覆いかぶさるように木漏れ日を投げかける街路樹、海辺の光と風を可視化するヤシ並木、熱帯の暑気を連想させる極彩色の花々がそこかしこに映り込んでいる（図2）。

図1　パリ、シャンゼリゼ通りのパースペクティヴを強調しているプラタナス並木（以下写真はすべて筆者撮影）。

図2　ハワイ島、ハラベ海岸のヤシ並木。葉の光沢が光を照り返し、しなやかさが風を可視化している。

いや、それらは映り込んでいるなどといった控えめなものではない。こうした植栽は、もはや土地のイメージそのものを規定しているだろう。

誌面に映し出されている人々がその身を着飾っているように街のあらゆる事物も装っており、装う事物の数々に満たされた街そのものもまた、さまざまな植物をまとっている。街路樹などの植栽の目的の大半は、環境保全、防災などといった実質的なものが占めているとしても[1]、植栽とはまずもって街を包む衣装ではないのか（図3）。

たしかに文化的営為たる衣服を植物と並置するのは難しいかもしれない。衣服とは外界が触れるもっとも表面にあって、それをまとう人の皮膚機能の拡張になるとしても、同時に眼差しが触れるもっとも表面にあって、それをまとう人のイメージそのものともなっているのだから。この二重性の共立と交錯に、あるいは倒錯的な一方の極端化の果てに、衣服が望見される。

図3　東京、表参道を装うケヤキ並木。

この二重性をあえて確認したのは、歩道の植栽帯や車道の中央分離帯、河川や高速道路の法面に見られる緑化植栽もまた、たんに「自然」とは呼びえず、自然と文化の境界を跨ぎ越すような同種のレイヤーをもっているからだ。そう、植栽とは実質的な機能を想定して土地を植物で覆うことであると同時に、特定の樹種を等間隔に、あるいはグリッド状に、しかも大規模に配するきわめて人為的な措置で、土地にイ・メ・ー・ジ・を・ま・と・わ・せ・ることでもある。

さらに踏み込めば、植物はイメージを付託された衣服として土地を覆いながらも、その皮膚、すなわちその土地の生態系に浸食し、駆逐し、それを組み換えもするような暴力性をも持ちあわせている。「まとう」という言葉の多義性そのままに、植物は街にま・と・わ・り・つ・き、絡・み・つ・く・。植栽はその土地のイメージをつくりかえるだけでなく、生態系をもつくりかえ、その土地の奇形化した皮膚となっていくだろう。

日本の並木の歴史を顧みるなら、奈良時代の五畿七道沿線の果樹並木

や平安京の朱雀大通のヤナギ並木にまで遡ることができる。この歴史を平成にまでたどり、いくつかの区分にまとめた山本紀久によれば、奈良、平安時代はタチバナのような果樹、戦国時代にはサクラやヤナギ、江戸時代にはマツやスギが街道や参道沿いに植えられ、明治期にはスズカケノキ、イチョウ、ユリノキといった落葉広葉樹、昭和期にはマテバシイ、ヤマモモ、タブノキといった常緑広葉樹が広い範囲で植えられたという[2]。

図4 パリ植物園のプラタナス並木。こうした風景が西洋の並木の象徴的イメージだろう。

こうした並木が夏場の緑陰や飢えをしのぐ非常食を兼ねていたことは事実だとしても、とりわけヨーロッパをモデルとして都市計画を進めた明治期に選定された樹種が、ヨーロッパの代表的な街路樹のひとつであるスズカケノキ（プラタナス）や北アメリカ原産のユリノキだったこと、同じ明治年間に中国原産のニワウルシや北アメリカ原産のハリエンジュの苗がウィーンから持ち帰られて植栽されたことは[3]、植物がいかにイメージの形成と密接な関係を持っているかを示している（図4）。

近年の日本の緑化樹種の動向については、国土交通省が1982から五年ごとに行なっている「道路緑化樹木現況調査」の上位十種を記した推移一覧で概観できる。上位を占める樹種にそれほどの変動は見られないものの、見過ごすことのできない変化もある。1987年には三位だったプラタナス類が凋落して2012年には十位となり、それと入れ替わるかのようにハナミズキが急増し、現在では四位に入っている点だ[5]。

プラタナス類が失速した理由として、この論文では「成長が旺盛で剪定に手間がかかり、寿命が短く倒れやすい」[6]ことが指摘されているが、重要なのはこのような理由が前面に出てくるようになった背景だろう。おそらく私たちは、プラタナスの持っていた舶来のイメージを消費し尽くし、あるいは忘却してしまい、多大な金銭と労力を投げ打ってまでこの樹種を維持する動機を失ってしまったのだ。

それにたいして、ハナミズキは「花や紅葉の美しさに加えて、樹高があまり高くならずに管理がしやすい」とされる[7]。ここでも管理面での理由

が添えられており、その指摘は正鵠を得ている。けれどもここで注目すべきは、ハナミズキについては「花や紅葉の美しさ」が述べられていることだ。かつてはプラタナスも、その灰緑色の斑模様の樹皮や広くて鮮やかな緑の葉とその紅葉、木漏れ日、そしてなによりその異国情緒の「美しさ」が語られただろう。しかしハナミズキにのみ送られたこの賛辞は、すでに20世紀前半にはアメリカから送られていたこの樹木が、まだ街の衣装として成立することを如実に物語っている[8]。

　こうして時代ごとに盛衰を見せる基本樹種の変遷からわかるのは、街路樹をはじめとした植栽が土地の自然史や植生遷移とは乖離した歴史を持ち、幾度かの入れ替わりを経ているということだ。つまり植栽される植物は流行に左右される全般的な交換可能性に晒されている。先にイメージをまとわせると述べたのはただ衣服との類比を強調したのではなく、むしろ、あらゆる植栽の背後に横たわる、他でもありえただろう植物の交換可能性を示唆している。

　ともすると植物は土地と不可分なもの、以前からずっとここにあったもの、と考えられてしまう。けれども植物はそれほど土着的なものではない。仮にその土地固有の在来種を植栽するとしても、その選択は決して本質的なものではなく、他の在来種でも、外来種でもありえた、という偶有的な背景の上にしか成立しえない。この潜在的な互換性のために在来種の植栽でさえも土地との必然的結びつきを失い、在来種もまた、まとわせるものになる。しかしながらこの偶有性によってこそイメージとしての植栽の可能性が開けてくるだろう。

　道路際に定植される植物は土地の気候や土壌の条件に合致するだけでなく、極度の乾燥や排煙、病害虫、強剪定への抵抗性が求められるのだから、この交換可能性は限定的なものではある。しかしこうした条件に適合するおびただしい樹種のなかから、この樹種、あるいはこれらの樹種を選ぶにあたっては、人々が街にまとわせようと望むイメージの選択——自治体の象徴花木が街路樹に選定される場合のように——が強く関与してくるのだ[9]。

　この意味で象徴的な植栽の場として南西諸島の島々に目を転じてみ

よう。いかにも南国を彷彿とさせる並木が街を包むなか、そこでひときわ目を惹くのはマダガスカル島原産のホウオウボクや、スリランカ、インド、マレー半島一帯を原産地とするデイコといった花木、あるいはフィリピンやインドネシアなど東南アジアに産するココヤシやマダガスカル産のアレカヤシ、中低木のブッソウゲ（ハイビスカス）などだろう（図5）。ほとんど無作為に集められたかに見える世界各地の種の数々は、当然のことながらそれらが亜熱帯の街路樹に適合するからというだけでそこにあるのではない。もしそうなら自生種のフクギやテリハボク、リュウキュウマツで充分だった。そうではなく、亜熱帯の島々に華やぐ極彩色の花木をあしらい、陽光照りつける熱帯のイメージをまとわせることこそが、こうした選択の真意だろう。

図5　石垣島市街地のホウオウボク並木。鮮烈な赤花が熱帯のイメージを喚起する。

　山本は街路樹の効果として「特にモンスーン地帯の日本では都市のなかにあって「四季の移り変わり」を身近に感じさせる効果が大きい」[10]ことを挙げている。鍵括弧が付されていることから推察されるとおり、ここで言及される「四季の移り変わり」は、植物を介することで感覚できる季節の変化、言い換えるなら、植物が演出する四季のイメージを指しているのではないだろうか。触覚と並行して、あるいは触覚に先行して風を感じさせる風鈴のように、街路樹は、新緑や紅葉、落葉、花を介して「四季の移り変わり」を担うメディアとなる。沖縄諸島をはじめ奄美群島や八重山列島の植栽はこの意味で、実際には冬場冷え込む亜熱帯地域にありながら、島々に「常夏の島」というイメージをまとわせる。

　植物は自生種さえもが交換可能性にもとづいてリスト化される。このリストから熱帯のイメージに適う樹種がサンプリングされ、これまでその地域には存在したことのない植物のコラージュが仮構される。ここに現れるのは、アンリ・ルソーがパリ植物園温室でのスケッチや雑誌の写真をもとに描いた熱帯のジャングルのように交換可能性を持ち、さしあ

たり相互に無関係なものたちが、ひとつのブロックとして仮構された生態系である。この生態系を、ここでは一般的な意味での生態系から区別して「亜生態系」と呼んでおきたい。

　南西諸島の光、色彩、気温、湿度を媒介するメディア。

　道路や海岸の傍らにどこまでも続いていく熱帯の衣装。

　すなわち街路樹や海岸並木といった植栽の数々。

　こうしたものが、相互の必然的関係を欠いた亜生態系として島に挿入されている。

　しかしながら仮構された亜生態系の植物が他の植物との交換可能性を持つのは、植物そのものが広域に広がっていくことを本性とし、潜在的には互換性を持っているからでもある。

　島々をとり囲む浜辺とは偶然的な出会いの場である。砂浜に出て一帯に広がっているオオハマボウやハマユウ、グンバイヒルガオなどの群落を見てみよう（図6）。それらは渚に種子を散布し、海流にのって熱帯や亜熱帯の島々に漂着し、人間による植栽スケールを遥かに越えて世界各地の海岸沿いに

図6　石垣島、荒川付近の海岸。種子を海流散布するグンバイヒルガオ、クサトベラ、白花をつけたハマユウなどが浜辺で出会い、群落をつくる。

大規模なコラージュを編成してきた植物たちだ[11]。人間が関与していないこのコラージュも、波打ち際ではじめて種子が芽吹いて間もない頃には、交換可能で相互に無関係な亜生態系そのものだっただろう。

　つまり、生態系は亜生態系を前提している。

　南西諸島の街路樹も、こうして繁茂してきた植物の本性が異なるかたちで実現されたものに他ならない。砂浜に殺到する海流散布植物がさまざまなコラージュを形成し、速やかに新たな生態系の足がかりとなっていくように、南西諸島の街を飾る亜生態系としての植栽もまた、徐々に土着化していく。移植されたはずの外来種もいまでは在来種と交錯し、他の動植物たちと新たな関係を結び、あるいは一方的に駆逐したり、されたりしながらはびこっていく。数百年前に植栽された加計呂麻島のデ

図7　加計呂麻島、諸鈍のデイコ並木。デイゴヒメコバチによってところどころ枯れ込んでいる。被害が大きく伐採された株もある。

図8　石垣島、民家の屋根から芽吹くホウオウボク。

イコ並木に、近年熱帯アジアから渡ってきたとおぼしきデイゴヒメコバチが突如として襲来する。新たな亜生態系が人間によって、あるいは人間以外のものによって次々に創出されていく（図7）。

もしかすると土地に固有な唯一の生態系、すなわち「自然」と、そこに寄生する非固有ないくつかの亜生態系があるのではなく、ときに関係し、ときに無関係な、複数の亜生態系のさまざまな程度が、並存したり寄生しあったりしているのではないだろうか。

そうだとすれば、自生するものと植栽されたもの、本来的なものと非本来的なもの、土着的なものと非土着的なものといった分割は本質的なものではなくなってしまうだろう。この曖昧化した分割線の代わりに前景化してくるのは、複数の亜生態系が各々蓄積している時間の程度差、土地への関与の度合いである。

はじめに亜生態系があった。すなわち植物のコラージュの数々こそがあった。

そしてあらゆる植栽は土地に偶有的なイメージをまとわせることであり、交換可能性を条件とした装いである。

しかしながらこのコラージュは、時が経つにつれて土地への関与の度合いを緻密化し、ついには奇形化した皮膚となってその土地の「顔」を奪い、「自然」の一部をかたちづくり、さらには変質させていくものでもある。いまやホウオウボクはマダガスカル島を想起させることなく、南西諸島の民家の庭先や屋根、空き地からも芽吹いている。それらは土地の生態系に侵入しながらマメ科特有の羽状複葉を揺らし、ハレーションを起こしそうなほど鮮烈な赤花を炸裂させて島々を装い、飾っているだ

ろう（図8）。

　こうしてイメージとしての植栽は、亜生態系としてまとわれる。そこには本来的な植栽など、決してないのだ。

山内朋樹（やまうち・ともき）
1978年生まれ。専門は美学・庭園史。京都大学大学院人間・環境学研究科博士課程指導認定退学の後、現在は兵庫県立大学客員研究員および関西大学ほか非常勤講師。また、在学中に庭師をはじめ研究の傍ら独立する（草木の使代表）。フランスの庭師=修景家、ジル・クレマンの研究を軸に現代ヨーロッパの庭や修景をかたちづくる思想と実践を考察している。

1. 国土交通省が継続的にまとめている『わが国の街路樹』の「はじめに」では、街路樹等の道路緑化の目的が示されている。「道路緑化の目的は、緑陰や良好な景観の形成、生活環境と自然環境保全、交通安全、防災など多岐に渡ります。そして、地球温暖化問題が深刻となっている現在では、道路緑化樹木にも都市域のCO2の吸収源としての役割が期待されています」（栗原正夫、武田ゆうこ、久保田小百合『わが国の街路樹 VII』（国土技術政策総合研究所資料第780号）、国土技術政策総合研究所、2014年）。

2. 山本紀久『街路樹』社団法人日本造園建設業協会監修、技報堂出版、1998年、4-13頁。

3. 内山正雄『日本の並木今昔』『世界と日本の街路樹』交通公社出版販売センター、1982年、150頁。

4. 「多く使用されている樹種上位五種は、高木がイチョウ、サクラ類、ケヤキ、ハナミズキ、トウカエデであり、中低木がツツジ類、シャリンバイ類、アベリア類、サザンカ類、ドウダンツツジ類であった」（栗原、武田、久保田『わが国の街路樹 VII』前掲論文、23頁）。

5. 同前、70頁。プラタナスは「1982年から2012年にかけて本数が約65％に減少」している。ハナミズキは「25年間で本数が五倍以上になっている」（同前、71頁）。

6. 同前、71頁。

7. 同前、70頁。

8. しかし同時に、植栽本数が「近年は横ばい」（同前、70頁）になっていることから、人々はすでにこの樹木に飽きはじめているのかもしれない。実際、個人宅のシンボルツリーとしても、街路樹としても、この樹木は流行りすぎた。

9. 流行樹種の変遷は、道路際だけでなく、商業施設や個人宅の玄関先を彩っているシンボルツリーや花壇、そしてその供給源となっている苗木屋やホームセンターなどにも見ることができる。近年関東以西の暖かい平野部の都市を中心に大流行しているシマトネリコなどはその代表樹種だろう。

10. 山本『街路樹』前掲書、14頁。

11. 海流散布植物の分布や生態については次の書籍を参照。中西弘樹『海から来た植物——黒潮が運んだ花たち』八坂書房、2008年。

afterword

　おかげさまで、004号も皆様に無事お届けすることが叶いました。

　今号から私どもは二つ変化を遂げました。ひとつは版元をアダチプレスに移し、私どもvanitas編集部はアダチプレスと共に企画段階から協働していくこと。もうひとつは、特集(アーカイブ)を設けること。振り返ってみると前号、前々号にも根底には1冊を貫くテーマがありました。前号においてはデジタル化するものづくりの諸相について、前々号においては環境の維持可能性について扱いましたが、今号からは特集として明確に打ち出すことになります。

　さて、今号ではDutch Textile Museumのような研究・教育機関について取り上げつつ、Europeana Fashionのガイドラインなど実務的な要素も紹介させていただきました。アーカイブが有効に利用できる「生きている」状態が読者皆様の創造的活動を促進するように、私どもも引き続きファッションの状況を検討するためのメディアとして機能できるよう活動して参ります。

　どうぞ、次号もお楽しみに。

水野大二郎

　今号の『vanitas』は「アーカイブ」というテーマを設定しています。実は創刊時にも特集を設けるか否かで悩んだのですが、そのときは「ファッション批評／研究に対してさまざまなアプローチや主題があることを知ってもらう」という目的を優先した方がよいだろうとの結論にいたりました。その後もずっと私たちは特集を組み始めるタイミングについて議論を重ねてきました。そして創刊から3年経ち、当初の目的は少しずつ達成されはじめていると考え、今号から特集を組むことになりました。

　なぜいまアーカイブなのか。いまからちょうど20年前の1995年にwindows 95が発売され、そこから爆発的にインターネットが普及しましたが、そのときからアーカイブという概念に劇的な変化があらわれたように思います。というのは、モノではなくデータを保存し、そして共有するという可能性が急速に現実的なものとなりはじめたからです。その後、インターネット上のアーカイブは加速度的に増えてきまし

たが、増大し続ける情報をどのように扱うべきなのか、そしてモノのアーカイブはどのように行われるべきなのか、ファッションの分野ではあまり考えられてこなかったように思います。今号の特集がきっかけとなり、ファッションのアーカイブについての議論が深まることを願います。

また、今号から『vanitas』はアダチプレスから発行することとなりました。より多くの読者に本誌を届けるための体制を整え、より充実した内容の批評誌をみなさんに提供できるようこれからも努力して参ります。それではまた一年後に。

蘆田裕史

本誌『vanitas』は今号より特集をスタートし、今回は「アーカイブの創造性」と銘打っております。『vanitas』は毎年・毎号ISBNを付けながらファッション批評の言説を「積み重ねる」ことを目的として始まったという経緯があります。その意味では初めての特集がアーカイブというのは自己言及的ともいえるかもしれません。

そのような観点から振り返ってみますと、特集を設けずとも毎号共通する構造——インタビュー／論文／海外の事例紹介／エッセイ——を持つ『vanitas』では、さまざまなタイプの書き手による多様なテキストが集まってきていました。それらがぼんやりと描き出すテーマの輪郭を自ら発見することが、読者としての私にとっては毎号の楽しみだったような気がします。

アーカイブという特集の下に、今回も実践者から研究者まで多様なコンテンツが揃いました。それぞれの読者のなかでアーカイブという概念の輪郭が揺さぶられる、そんな緊張感をお届けできましたら幸いです。

太田知也

fashionista　No. 001

foreword

interview
　ANREALAGE　森永邦彦
　mame　黒河内真衣子
　早稲田大学 繊維研究会×東京大学 fab

paper
　千葉雅也「クラウド化するギャル男——『ギャル男ヘア』の成立をめぐる表象文化史とその批評的解釈の試み」
　井上雅人「80年代をどう捉えるか」
　朝倉三枝「ジャンヌ・ランバン——20世紀モードの静かなる改革者」
　小原和也＋白土卓哉「ストリートのコミュニケーション」(公募)

international perspective
研究機関紹介
　アントリープ州立モード美術館
展覧会紹介
　「ファッションとシュルレアリスム」
　「ベルンハルト・ウィルヘルム——完全想起」
　「今世紀を伝える——アートとファッションの100年」
　「ジャパン・ファッション・ナウ」
　「ハウス・オブ・ヴィクター＆ロルフ」

書籍紹介
 キャロライン・エヴァンス『エッジのファッション ── スペクタクル、モダニティと死』
 エリザベス・ウィルソン『夢を纏って ── ファッションとモダニティ』
 ジル・リポヴェッキー『エフェメラの帝国 ── 現代社会におけるモードとその運命』
 『ファッション・セオリー』論文タイトル一覧
インタビュー
 ヴァレリー・スティール（ファッション工科大学附属美術館ディレクター）

critical essay
 村田明子「RAF SIMONSの英雄的節操に関する云々」
 石関亮「規定と逸脱 ── トム・ブラウンのスーツ・スタイルとそのデザイン」
 小澤京子「シアタープロダクツのマニエラ」
 大久保俊「再考／ハイダー・アッカーマン」
 田村俊明「ゼロから始めよう」（公募）

afterword

2012年2月29日発行
四六変型判、216ページ
ISBN 978-4-99062780-5
定価 本体1500円＋税
（本号は出版元品切れです）

vanitas No. 002 ─────────────────────

foreword

interview
 西尾美也
 北山晴一
 ここのがっこう

paper
 南後由和「陳列とキュレーション ── ユニクロ、コムデギャルソン、デミアン・ハースト」
 成実弘至「21世紀スローファッション試論」
 津田和俊「生きのびるための衣服」
 渡辺洋平「衣服論事始め ── 衣服と時間あるいはメゾン・マルタン・マルジェラと反時代的なもの」
 小林嶺「まなざしに介入するファッション ──『ショー』という観点から」
 関根麻里恵「リアルクローズ化する『マンガファッション』」（公募）

international perspective
研究機関紹介
　IFM・パリモード研究所
展覧会紹介
　スペクター ── ファッションが振り返るとき
　衣服は現代的か？
　マダム・グレ、芸術へ至るクチュール
　ベルギーファッション ── アントワープスタイル
　フィレンツェ・ビエンナーレ
書籍紹介
　ジャック・ローラン『着衣のヌード、脱衣のヌード』
　エンリコ・クリスポルティ『未来派とファッション ── バッラとその他の作家たち』
　ジョアン・エントウィスル『ファッションの美的経済学 ── 衣服とモデルにおける市場と価値』
　フレッド・デイヴィス『ファッション、文化、アイデンティティ』
研究者紹介
　『vestoj』

critical essay
　星野太「ハトラ ──『中性的なもの』の力学」
　蘆田暢人「『雲のような場所』を巡って ── ASEEDONCLÖUD 試論」
　HACHI「JUNYA SUZUKI / chloma ── ネット以降の時代」
　三村真由子「Ka na taの身体を活かす服」（公募）

afterword

2013年6月15日発行
四六判変型、232ページ
ISBN　978-4-908251-02-3
定価　本体1800円＋税

---

vanitas　No. 003

foreword

interview
　proef
　柳田剛
　脇田玲＋松川昌平

paper
    平芳裕子「ファッションを語る ── 雑誌とアメリカ」
    水野祐「ファッションにおける初音ミクは可能か？ ── オープンソース・ハード『ウェア』としてのファッションの可能性」
    趙知海「女性ファッション写真家たち ── 曖昧なイメージに込めるもの」
    ゲオルク・ジンメル「モードの哲学」
    大久保美紀「逆行する身体表象 ──『復活』するマネキンあるいはマヌカン」（公募）

international perspective
研究機関紹介
    University of the Arts London
展覧会紹介
    ハンドメイド ── クラフトよ、永遠なれ
    リップ!! ペーパーファッション
    サステナブル・ファッション ── ファッションは更新できるのか？
    エクストリーム・ビューティー ── つくり変えられる身体
    モノを作ること／目的を築くこと ── ブレス、ブーディッカ、サンドラ・バックランド
書籍紹介
    アンジェラ・マクロビー『ブリティッシュ・ファッションデザイン ── ぼろ布かイメージか』
    クレア・マッカーデル『あなたが着るべきもの ── ファッションにおける5W1H』
    ウルリッヒ・ハーマン『虎の跳躍 ── ファッションのモダニティ』
    フィリップ＝アラン・ミショー『イマージュの人々』
研究者紹介
    キャロライン・エヴァンス

critical essay
    nukeme「テクノロジーと創造性について」
    koso「Futuristic Eleganc ── Iris van Herpen 試論」
    久保寺恭子「空間とファッション ── TOKYO RIPPER と衣服の物語」（公募）

afterword

2014年6月28日発行
四六判変型、232ページ
ISBN 978-4-908251-03-0
定価   本体1800円+税

vanitas No. 004

2015年9月25日　初版第1刷発行

編集
蘆田裕史　水野大二郎

編集アシスタント
太田知也

編集協力
松吉美紀　植田真由

アートディレクション&デザイン
原田祐馬(UMA/design farm)

デザイン
西野亮介(UMA/design farm)

印刷・製本
株式会社ライブアートブックス

発行者
足立亨

発行所
株式会社アダチプレス
〒151-0064　東京都渋谷区上原2-43-7-102
電話　03-6416-8950　メール　info@adachipress.jp

NDC分類番号705
四六変型判(188mm×117mm)／総ページ256
ISBN 978-4-908251-01-6
Printed in Japan
© 2015 Authors and Adachi Press Limited

本書は著作権法によって保護されています。同法で定められた例外を超える利用の場合は、小社まで許諾をお申込みください。乱丁・落丁本は小社までお送りください。送料小社負担にてお取り替えいたします。

表紙図版
photograph: Chikashi Suzuki

http://adachipress.jp/vanitas